爽心爽口冰淇淋

总策划：杨建峰　主编：甘智荣

江西科学技术出版社

图书在版编目（CIP）数据

爽心爽口冰淇淋 / 甘智荣主编.— 南昌：江西科学技术出版社, 2014.11

ISBN 978-7-5390-5132-1

Ⅰ.①爽…　Ⅱ.①甘…　Ⅲ.①冰激凌—制作　Ⅳ.①TS277

中国版本图书馆CIP数据核字（2014）第254478号

国际互联网（Internet）地址：

http：//www.jxkjcbs.com

选题序号：ZK2014379

图书代码：D14179-101

爽心爽口冰淇淋　　　　甘智荣主编

出　　版　江西科学技术出版社

社　　址　南昌市蓼洲街2号附1号

　　　　　邮编：330009　电话：（0791）86623491　86639342（传真）

印　　刷　北京新华印刷有限公司

总 策 划　杨建峰

项目统筹　陈小华

责任印务　高峰　苏画眉

设　　计　松雪图文 SONGXUE TUWEN　王进

经　　销　各地新华书店

开　　本　787mm×1092mm　1/16

字　　数　260千字

印　　张　16

版　　次　2015年1月第1版　　2015年1月第1次印刷

书　　号　ISBN 978-7-5390-5132-1

定　　价　28.80元（平装）

赣版权登字号-03-2014-317

CONTENTs 目录

Part 1 了解，是为了更好地相遇——当你遇上冰淇淋

最美好的相遇，从这里开始
——基本经典款冰淇淋

水果遇上冰，甜美的清爽——果味冰淇淋

从心感受自然的纯、真、善——绿色健康冰淇淋

呼朋引伴，奏响冰爽香甜的乐章
——用冰淇淋搭配做甜点

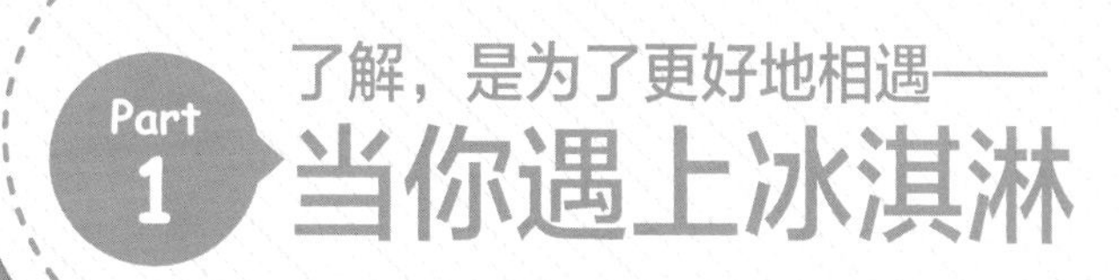

Part 1 了解，是为了更好地相遇——当你遇上冰淇淋

炎炎夏日，一杯甜蜜诱惑的冰淇淋总是让人招架不住。冰淇淋是一种与幸福、快乐、笑容相关的美食，这是人们发自内心的一种情怀。

享受冰淇淋很惬意，若亲自制作，那更是一种甜蜜的满足，这份美味不仅能激发味蕾的跳动，也能让这份“甜”和“幸福”浸润到心窝。一起来了解冰淇淋的知识吧，它将带你开启冰凉甜蜜的美妙之旅！

冰淇淋的分类

说起冰淇淋，大家首先想到的就是甜蜜，可是甜蜜不止一种选择，冰淇淋也有着缤纷的类别，多种的选择，让你在香滑浓郁的滋味间感受不一样的清凉。接下来，我们一起了解不同款冰淇淋的独特个性吧！

按质地分

冰淇淋可分为软质冰淇淋、硬质冰淇淋。软质冰淇淋就是我们所吃的甜筒或者圣代。硬质冰淇淋则是纸碗装的冰淇淋及冰棒、雪糕、冰淇淋球。这两者之间的区别有以下几点：

1.软质冰淇淋的中心温度约为－5℃；硬质冰淇淋的中心温度约为－15℃。

2.软质冰淇淋从冰淇淋机放出即可食用；硬质冰淇淋还需要一个再次硬化的过程。

3.软质冰淇淋相较硬质冰淇淋而言，非脂乳固体含量要高，白砂糖含量低，冰点系数要低。

4.软质冰淇淋可以和不同的辅料后期进行混配，如果粒，形成不同风格的组合型软冰淇淋；硬质冰淇淋一般出厂即为成品，无须再进行其他的搭配。

按品种分

当今世界上主要流行美式冰淇淋、意式冰淇淋、果汁冰糕这三类冰淇淋，它们风格迥异，极具特色，之所以出现这种明显的区别，完全在于它们各自配料和制作工艺的差别。一起来看看它们各自都有什么特点吧。

1.美式冰淇淋主要特征：糖度较高，奶味浓郁，脂肪含量不低于10%。

2.意式冰淇淋主要特征：糖度低，口感细腻润滑，脂肪含量为4%。

3.果汁冰糕主要特征：低糖，无脂肪，突出的是水果的原味与芳香，口感清爽。

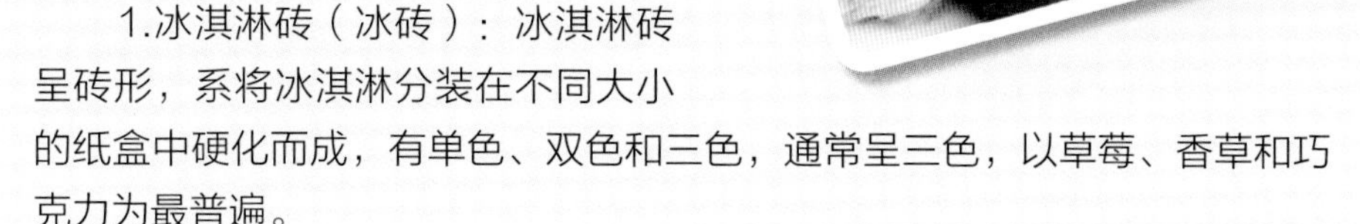

按冰淇淋的形态来分

1.冰淇淋砖（冰砖）：冰淇淋砖呈砖形，系将冰淇淋分装在不同大小的纸盒中硬化而成，有单色、双色和三色，通常呈三色，以草莓、香草和巧克力为最普遍。

2.杯状冰淇淋：将冰淇淋分装在不同容量的纸杯或塑料杯中硬化而成。

3.锥状冰淇淋：将冰淇淋装在不同容量的锥形容器，如蛋筒中硬化而成。

4.异形冰淇淋：将冰淇淋注入异形模具中硬化而成，或通过异形模具挤压、切割成形、硬化而成，如娃娃冰淇淋。

5.装饰冰淇淋：以冰淇淋为基，在其上面裱注各种奶油图案或文字，有一种装饰美感，如冰淇淋蛋糕。

按使用不同香料分类

分为香草冰淇淋、巧克力冰淇淋、咖啡冰淇淋和薄荷冰淇淋等。其中以香草冰淇淋最为普遍，巧克力冰淇淋其次。

按所加的特色原料分类

1.果仁冰淇淋：这类冰淇淋中含有碎果仁，如花生仁、核桃仁、杏仁、板栗仁等。

2.水果冰淇淋：这类冰淇淋含有水果碎块，如菠萝、草莓、樱桃等。

3.布丁冰淇淋：这类冰淇淋含有大量的什锦水果、碎核桃仁、葡萄干、蜜饯等，有的还具有特殊的浓郁香味。

4.豆乳冰淇淋：这类冰淇淋中添加了营养价值较高的豆乳，是近年来新发展的品种，有各种不同花色，如核桃豆腐冰淇淋、杨梅豆腐冰淇淋等。

制作冰淇淋的原料

在西方人的生活中，与咖啡同样重要的就是冰淇淋了。冰淇淋给人的记忆总是甜蜜与快乐的，试想听着优美的音乐，吃一勺柔滑细腻的冰淇淋，静静地享受那种甜软柔滑的口感、温润而香醇的滋味，是何等的舒适惬意！那么，如此迷人的冰淇淋是由什么原料组合而成的呢？下面一起来了解一下这些基本的原料吧！

牛奶 牛奶是制作冰淇淋时最常用的原料之一。若家中没有备好鲜的牛奶，可以使用包装牛奶或乳脂品。一般认为，加入鲜牛奶的冰淇淋口感更香醇、细腻，相对来说营养价值也更高。而使用其他牛奶或奶制品的冰淇淋，成品柔和的口感会有所下降。

奶油 奶油是从牛奶、羊奶等奶源中提取出来的黄色或白色脂肪性半固体食品，它是由未均质化之前的生牛乳顶层的牛奶脂肪含量较高的一层制成的乳制品，分动物奶油和脂质奶油。国内市场上的淡奶油、鲜奶油是指动物性奶油，即从天然牛奶中提炼的奶油，作为制作冰淇淋的主要原料之一，建议使用无食品添加剂的动物性原油100%鲜奶油。

鸡蛋 制作冰淇淋时经常会用到鸡蛋，是因为鸡蛋黄能够在水与脂肪相混合时起到天然乳化剂的作用，使各种成分混合均匀，使成品冰淇淋的口感和色泽更佳。相对于添加鸡蛋黄的冰淇淋，不添加蛋黄的冰淇淋口感会逊色一筹，显得不够浓郁醇香。切记不要使用鸭蛋，那样会有重腥味。

糖 制作冰淇淋时可依据个人口味酌量增减糖的含量，也可按照标准刻度来调节其分量。总之，对于糖的要求，要做到适量，必须保持在一定范围之内。糖添加过多，则成品过于甜腻，冰淇淋也不易冻结成形；若糖添加过少，则会导致冰淇淋的口感过硬。

巧克力 巧克力是深受许多人喜爱的食物，其以可可粉为主要原料制成。它不但口感细腻甜美，而且还有浓郁的香气。巧克力可直接食用，也可用来制作蛋糕、冰淇淋等。利用各种巧克力，能够制作出风格、风味迥异多变的冰淇淋。使用最多的巧克力有黑巧克力和白巧克力两种。

坚果 坚果营养丰富，养生价值高。通常人们将榛子、核桃、杏仁、腰果称之为“四大坚果”。此外，开心果、白瓜子、葵花籽、花生、松子、板栗等都是常见的坚果。坚果用在冰淇淋中，可使冰淇淋的口感和香味发生很大的变化，不仅口感好，还兼具养生、食疗的作用。

水果 水果富含水分、维生素、矿物质等成分，是家庭自制冰淇淋的最佳原料之一。制作这类水果冰淇淋时，一般是将水果切小块，或者用搅拌机搅拌成泥状，或放入糖水中熬成汁，或榨汁后添加。加入水果能给冰淇淋增添香甜口味，改善冰淇淋的成色，令其具有花样多变的“个性”。

香草粉 许多人认为香草粉只适合制作香草味冰淇淋。其实，任何一款冰淇淋都可适量添加香草粉。香草粉可发挥两种作用：一是令成品味道更甜美，二是中和并去除鸡蛋等原料的腥味或其他特殊味道，制作冰淇淋时，还可选用香草荚、香草油、香草精或香草萃取物代替。

制作冰淇淋的工具

无论是严寒的冬天，还是燥热的夏天，冰淇淋总是人们最要好的美食伴侣，其冰凉、醇厚的口感和香甜的味道糅合在一起，让人们得到了最美好的享受。但是你可知道，如此美味的冰淇淋背后可是有着很多大大小小的“功臣”，只有了解这些“功臣”，才能做出口味浓郁纯正的冰淇淋，让家人、朋友和你一起分享专属于冰淇淋的幸福和甜蜜！

秤 秤是测量物体质量的衡器，是制作冰淇淋必备的工具。秤可分为刻度秤（普通秤）、电子秤两种。在制作冰淇淋等一类要求精确原料用量的食物时，建议使用电子秤，因为其相对于刻度秤来讲，精度更高，称量范围可精确至1克。

计量杯 计量杯通常分为液体计量杯和粉末计量杯。在制作冰淇淋的过程中，经常需要精确计算清水、果汁、牛奶或者其他液体的量（体积）。这个时候，液体计量杯就派上用场了。液体计量杯通常会设计有尖尖的杯嘴，方便液体的倒出。计量杯通常是透明的，即可是塑料材质，又可以是玻璃材质，一般建议选用玻璃材质的计量杯。

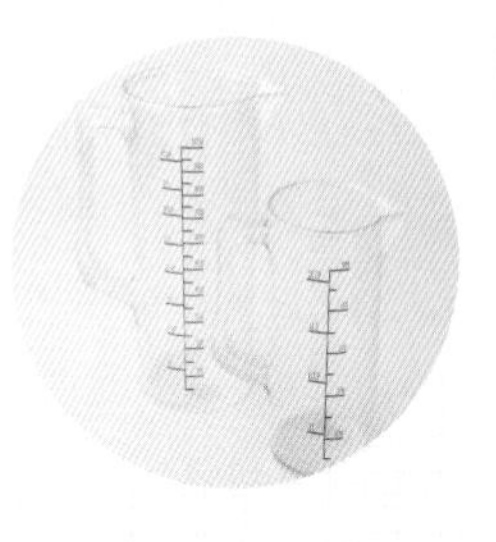

刮板 刮板主要分为木质和硅胶材质两种，通常是在搅拌原料或者清理刮掉原料时使用。在制作冰淇淋时，刮板还可以用其他工具来代替，比如干净的纸板、特制的硬海绵等工具。

搅拌器 搅拌器是用来将鸡蛋的蛋清和蛋黄打散并充分融合成蛋液、单独将蛋清和蛋黄打到起泡的工具。搅拌器分为手动搅拌器和电动搅拌器，手动搅拌器为不锈钢材质，用于打蛋、打发奶油以及搅拌原料。电动搅拌器的主要功能和手动搅拌器无二，但要更省力省时，使用更方便。

分蛋器 分蛋器是用来将蛋黄和蛋清分离干净的工具，被广泛用于制作各种糕点、冰淇淋等美食。其使用也极其简单，只用将备好的鸡蛋打开，放到分蛋器上，滤去蛋清即可。

搅拌机 搅拌机的工作原理是靠搅拌杯底部的刀片高速旋转，在水流的作用下把食物反复打碎。在制作冰淇淋时，如果需要用到果汁、果泥，就少不了要用搅拌机。

挖球器 在冰淇淋冷冻成形，从冰箱取出时，使用挖球器挖取冰淇淋能够挖出更加美观的冰淇淋球或者其他形状的冰淇淋成品。

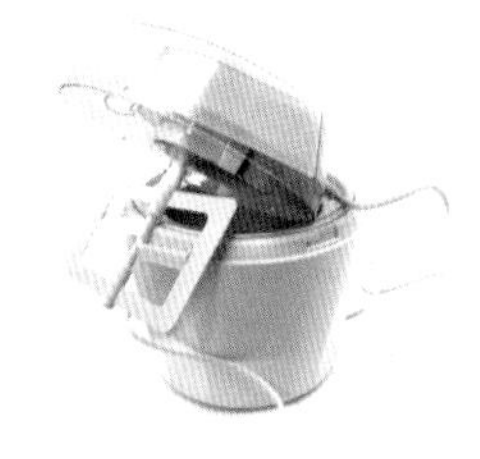

冰淇淋机 冰淇淋机又被称为冰淇淋冻机，是为生产冰淇淋而专门设计的自动化设备，可分为工厂流水线式的大规模凝冻机、餐饮业使用的商业冰淇淋机，以及家庭用的家用冰淇淋机。家中如果有冰淇淋机的话，就可省去冷冻和中间搅拌的过程，让冰淇淋的制作过程更轻松。

冰淇淋的“前世与今生”

很少能有人拒绝冰淇淋的甜蜜诱惑，可是，对我们喜爱的冰淇淋，很多人却知之甚少，下面，我们一起探寻冰淇淋的秘密，寻找它的前世今生吧！

冰淇淋的起源

关于冰淇淋的起源，众说纷纭。就西方来说，许多学者很认同这样一则传说：相传，公元4世纪左右，亚历山大大帝远征埃及时，将阿尔卑斯山的冬雪保存下来，把水果或果汁用其冷冻后食用，从而增强了士兵的斗志。后来，罗马皇帝尼禄在盛暑难熬时，也学着亚历山大发明的方法让仆人从附近的高山上取回冰雪，加入蜂蜜和果汁，用来驱热解渴。这为制作冰淇淋开创了先河。

一般国内大多数人都会认为，冰淇淋属于“舶来品”，其实追根溯源的话，冰淇淋的鼻祖源自中国。据研究，最早的冰制冷饮起源于中国。传说很早以前，中国皇宫里的厨师就将水果，葡萄酒，蜂蜜和山上的雪或冰混合起来制成美味的食品让皇帝享受。帝王们为了消暑，还把冬天的冰贮存在地窖里，到了盛夏再拿出来享用。

根据文献记载，在公元前2000年中国就有食用冰制食品的记录。大约在唐朝末年，人们在生产火药时使用了大量硝石，偶然间发现硝石溶于水时会吸收大量的热，可使水降温到结冰，于是国人在夏季也可以制冰了。在莲子绿豆汤或薄荷百合汤中放入冰粒成为当时很流行的饮品。

到了宋代，市场上冷食的花样就多起来了，商人们还在里面加上水果或果汁。

到了元代，爱喝奶的商人在冰中加上果浆和牛奶出售，这和现代的冰淇淋已经很近似了。

其实，早在公元1295年，意大利探险家马可·波罗就带着这种消暑美食的配方从中国回到威尼斯。意大利一位名叫夏尔信的商人在马可·波罗的配方的基础上加入了橘子汁、柠檬汁等，造出最具现代意义的“夏尔信”冰淇淋，所获的丰厚利润使他成为那个时代富甲一方的传奇人物。

此后，从东方而来的冰淇淋在意大利流传开来，并逐渐传遍欧美各地。

冰淇淋的发展

冰淇淋的传播发展与“贪吃”的各国元首有着千丝万缕的关系。1533年，来自意大利佛罗伦萨的凯瑟琳·梅迪西嫁给了法国国王亨利二世。凯瑟琳离开意大利时，所带的物品中就有制作冰淇淋的食谱。后来，一个法国厨师开了一家冰淇淋专售店，他是第一个把巧克力和草莓加入冰冻的奶汁里面的厨师。

英国国王查尔斯一世在1600年访问法国时，厨师用来招待他的就是冰淇淋。查尔斯一世吃过冰淇淋后就“上瘾”了，他要求厨师将食谱卖给他。此后，这种美味的冷冻甜品便上了英国富人们的餐桌。

1776年，第一个冰淇淋店在美国纽约开张。美国总统麦迪逊的夫人多莉·麦迪逊也是冰淇淋粉丝。当今世界上制作冰淇淋最有名气的国家是意大利和美国，据说，华盛顿和杰斐逊两位美国总统都很爱吃冰淇淋，这促使美国的冰淇淋制造业发展起来。

在1904年以前，人们吃冰淇淋都是盛在纸杯、玻璃杯、金属杯或者盘子里。在欧洲，摊主将冰淇淋盛在玻璃器中，称为“便士舔”，这样一份冰淇淋只卖一便士。不过，人们在吃冰淇淋时一不小心会打碎玻璃容器，在归还容器前也没法离开摊点。1904年美国圣路易斯世博会时，一个偶然事件却打破了“便士舔”这个传统。来自叙利亚的欧内斯特正在叫卖一种叫Zalabia的中东甜品，Zalabia是一种配有糖浆的薄脆饼。冰淇淋小贩阿诺德在欧内斯特旁边卖冰淇淋，起初他以普通的杯碟盛着冰淇淋出售，但当天的客人比预计的多，到了中午，所有杯碟就已经用完了。正当阿诺德懊恼着如何应付下午的生意时，欧内斯特将自己的薄饼卷成锥状递给阿诺德。阿诺德就用中东的薄脆饼卷着自己的冰淇淋叫卖，于是Zalabia摇身变成了冰淇淋筒。出人意料的是，这种冰淇淋筒大受欢迎，其他冰淇淋摊贩也纷纷效仿。

1904年圣路易斯世博会之后，欧内斯特与合伙人开创了华夫羊角公司，他走遍全美推销冰淇淋——世博会羊角。

1910年，欧内斯特建立了属于自己的密苏里蛋筒公司，为区别于合伙公司的产品，欧内斯特称自己的产品为“冰淇淋蛋筒”。

冰淇淋的童话并未止于此。1958年布鲁塞尔世博会的展期正值盛夏，来自美国的软冰淇淋成了众多游客的新宠。软冰淇淋是指保存在冷藏条件下的、现制现卖的新鲜冰淇淋，很多欧洲游客是第一次品尝到这种夏季清凉食品。

第二次世界大战以后，冰淇淋行业又如雨后春笋般开始复苏，后来伴随着大量使用浓缩乳、炼乳、奶油等原料，冰淇淋也由最开始的称呼——奶油冰变成了一直流行至今的叫法。

Part 2

最美好的相遇，从这里开始——

基本经典款冰淇淋

冰淇淋，一个甜蜜的字眼，在很多人快乐的童年里，一定少不了冰淇淋。不仅仅是因为美味是每个孩子都难以抗拒的诱惑，更是因为最经典的东西总是那么让人难以忘怀。

冰淇淋的花样越来越繁多，但是那些最基本最经典的冰淇淋依然是很多人念念不忘的甜蜜。让我们一起来搜罗各种基本款的冰淇淋，爱上冰淇淋，流连于这份甜蜜，一起邂逅浪漫！

酸奶冰淇淋

原料

牛奶……………………300毫升

蛋黄……………………2个

酸奶……………………100毫升

淡奶油…………………300毫升

玉米淀粉………………15克

白糖……………………150克

做法

1 往锅中倒入玉米淀粉，加入牛奶，开小火，用搅拌器搅拌均匀。

2 用温度计测温，煮至80℃关火，倒入白糖，搅拌均匀，制成奶浆。

3 往玻璃碗中倒入备好的蛋黄，用搅拌器打成蛋液。

4 待奶浆温度降至50℃后倒入蛋液中，加入淡奶油，搅拌均匀。

5 再倒入酸奶，用电动搅拌器打匀，制成冰淇淋浆。

6 将冰淇淋浆倒入保鲜盒，封上保鲜膜，放入冰箱冷冻5小时至成形。

7 取出冻好的冰淇淋，撕去保鲜膜，用挖球器将冰淇淋挖成球状。

8 将冰淇淋球装入碟中即可。

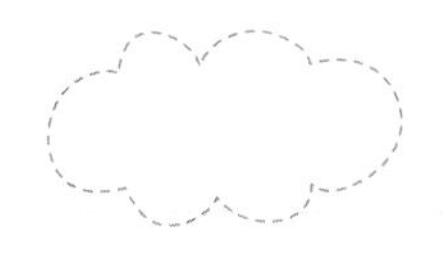

焦糖冰淇淋

原料

牛奶	300毫升	玉米淀粉	15克
蛋黄	2个	白糖	150克
淡奶油	300毫升	焦糖	适量

做法

1 往锅中倒入玉米淀粉，加入牛奶，开小火，用搅拌器搅拌均匀。

2 用温度计测温，煮至80℃关火，倒入白糖，搅拌均匀，制成奶浆。

3 往玻璃碗中倒入备好的蛋黄，用搅拌器打成蛋液。

4 待奶浆温度降至50℃，倒入蛋液中，搅拌均匀。

5 再倒入备好的淡奶油，搅拌均匀，制成浆汁。

6 放入焦糖，用电动搅拌器打匀，制成冰淇淋浆。

7 将冰淇淋浆倒入保鲜盒，封上保鲜膜，放入冰箱冷冻5小时至成形。

8 取出冻好的冰淇淋，撕去保鲜膜，将冰淇淋挖成球状，装碟即可。

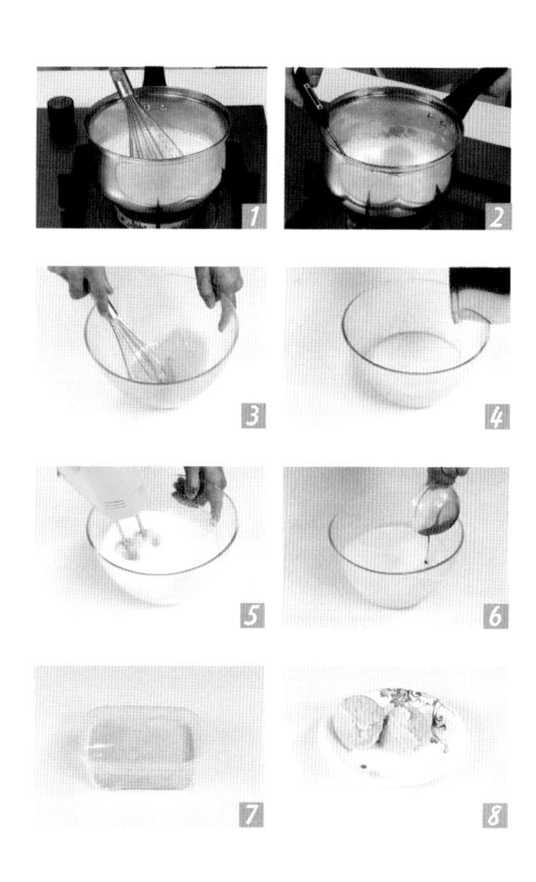

香草酸奶冰淇淋

原料

鸡蛋……3个
牛奶……220毫升
酸奶……适量
淡奶油……100毫升
香草糖浆……少许
白糖……40克

做法

1 将鸡蛋打散取蛋黄，放到大碗里，加白糖，用搅拌器拌匀，再倒入牛奶搅打均匀。

2 将蛋奶液入锅小火加热，拌至浓稠时关火。

3 将淡奶油装盆，用搅拌器将奶油完全打发。

4 蛋奶液冷却后加奶油、香草糖浆、酸奶拌匀。

5 装入保鲜盒中，放到冰箱冷冻室，每2小时取出搅拌1次，重复操作3～4次即可。

原味奶香冰淇淋

原料

奶粉……20克
蛋黄……2个
淡奶油……250毫升
白糖……45克

做法

1 将蛋黄装碗，加白糖拌匀，再加奶粉，用搅拌器打至发白、黏稠，加入少许清水，拌匀。

2 把整个碗隔水加热，边加热边搅拌均匀。

3 加热到鸡蛋液微微沸腾时，关火，取出放一旁冷却，待用。

4 将淡奶油隔冰块打发，倒入蛋液中，拌匀。

5 装入容器中，放入冰箱冷冻，每2小时取出搅拌1次，重复操作3~4次即可。

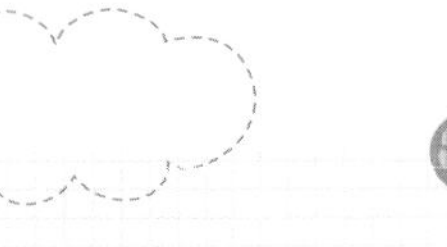

冰淇淋夹心杯

原料

牛奶……160毫升
蛋黄……2个
草莓……40克
淡奶油……160毫升
香草荚……1/3个
枫糖浆……50克
白糖……50克

做法

1 将草莓洗净去蒂，切块，加枫糖浆拌匀；蛋黄中加入白糖，搅拌至呈浅黄色。

2 香草荚、牛奶和淡奶油入锅煮至锅边出现小泡，制成奶油糊。

3 将奶油糊倒入蛋黄中继续搅拌，拌匀后倒入锅中，加热至85℃。

4 将冰淇淋原液隔冰水冷却至5℃，再放入冰箱冷冻，每隔2小时取出搅拌，重复3～4次。

5 往玻璃杯中依次放入草莓枫糖浆、冰淇淋、草莓枫糖浆、冰淇淋，饰以薄荷叶即可。

奶香柠檬冰淇淋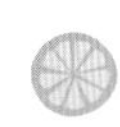

原料

淡奶油……190毫升
牛奶……150毫升
柠檬汁……适量
柠檬片……适量
柠檬皮屑……适量
白糖……50克

做法

1 将淡奶油倒入容器中，用搅拌器打发。

2 倒入牛奶、白糖，继续打发。

3 将备好的柠檬汁倒入打好的奶油里，拌匀。

4 放入冰箱冷冻，每隔2小时取出搅拌1次，重复3～4次。

5 用挖球器挖成圆球，放入碗中，撒上柠檬皮屑，摆上柠檬片装饰即可。

椰奶冰淇淋

原料

蛋黄……2个	淡奶油……200毫升
牛奶……300毫升	玉米淀粉……10克
椰奶……100毫升	白糖……75克

做法

1 将玉米淀粉、牛奶倒入锅中，边煮边搅，煮至80℃关火，即成奶液。

2 往玻璃碗中倒入备好的蛋黄，用搅拌器打成蛋液。

3 加入椰奶，倒入淡奶油，搅拌均匀，制成蛋黄椰浆。

4 往奶液中倒入白糖，搅拌混合均匀，制成奶浆。

5 往蛋黄椰浆中加入奶浆，用电动搅拌器打发成冰淇淋浆。

6 将冰淇淋浆倒入保鲜盒，封上保鲜膜，放入冰箱冷冻5小时至成形。

7 取出冻好的冰淇淋，撕去保鲜膜。

8 用挖球器将冰淇淋挖成球状，将冰淇淋球装碟即可。

自制冰淇淋

原料

蛋黄……2个
牛奶……300毫升
淡奶油……300毫升
玉米淀粉……10克
白糖……150克

做法

1 将玉米淀粉倒入锅中，加入牛奶，用小火边煮边搅，至80℃关火，即成奶液。

2 加入白糖，用搅拌器搅拌均匀，制成奶浆。

3 往玻璃碗中倒入奶浆和淡奶油，用搅拌器搅拌均匀。

4 倒入备好的蛋黄，搅拌均匀，制成冰淇淋浆。

5 将冰淇淋浆倒入保鲜盒，封上保鲜膜，放入冰箱冷冻5小时至成形。

6 取出冻好的冰淇淋，撕去保鲜膜。

7 用挖球器将冰淇淋挖成球状。

8 将冰淇淋球装碟即可。

脆皮甜筒冰淇淋

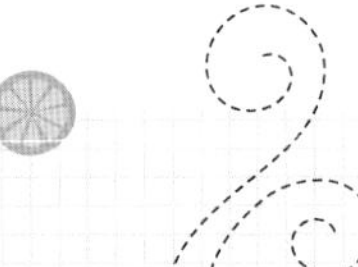

原料

樱桃……2颗
淡奶油……100毫升
黑巧克力……适量
原味酸奶……200毫升
冰淇淋底托……1个
彩色巧克力针……适量
蜂蜜……75克

做法

1 将原味酸奶加蜂蜜拌匀；淡奶油打至出泡沫。

2 将拌好的酸奶加入淡奶油拌匀，倒入容器中。

3 将容器放入冰箱冷冻，每隔2小时取出拌匀1次，重复操作3～4次。

4 将黑巧克力隔热水溶化，放凉。

5 取出冰淇淋，待其微软，放入裱花袋中，挤入底托中，淋上巧克力液，撒上彩色巧克力针，放上樱桃装饰即可。

清爽柠檬冰淇淋

原料

牛奶……200毫升

蛋黄……2个

淡奶油……150毫升

柠檬汁……适量

柠檬皮……适量

玉米淀粉……适量

白糖……70克

做法

1 往蛋黄中加入适量的白糖打发。

2 往牛奶中加入剩余的白糖隔水加热，不要沸腾。

3 将牛奶慢慢注入蛋黄液中，搅拌至混合。

4 再隔水加热，并不停搅拌，加入少量玉米淀粉，搅拌均匀，使其冷却。

5 淡奶油打至六七成发，分次倒入蛋黄牛奶液中，再放入柠檬汁，拌匀。

6 放入冰箱冷冻，每隔2小时取出搅拌1次，重复操作3～4次。

7 取出冻好的冰淇淋，挖成球，放入碗中，再放上柠檬皮装饰即可。

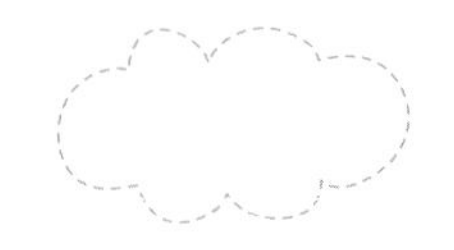

七彩椰蓉冰淇淋

原料

椰蓉……90克
椰浆……90毫升
蛋黄……3个
淡奶油……250毫升
巧克力薄饼……适量
冰淇淋乳化剂……5克
彩色巧克力针……适量
白糖……40克

做法

1 往蛋黄中放入白糖，用搅拌器搅拌均匀。

2 往锅中倒入椰蓉和椰浆，加热至锅边沸腾后关火，倒入蛋黄液中，搅拌匀，放凉。

3 放入冰淇淋乳化剂，搅拌均匀。

4 将淡奶油打至7成发，倒入拌匀的材料中，拌匀。

5 倒入冰淇淋机中，搅拌30分钟至浓稠状，装入容器中，放入冰箱冷冻，每隔2小时取出搅拌，重复操作3~4次，至冰淇淋变硬。

6 取出冻好的冰淇淋，挖成球状，放入碗中，撒上彩色巧克力针，插上巧克力薄饼即可。

蓝莓酸奶冰淇淋

原料

蛋黄	3个
酸奶	250毫升
蓝莓	100克
淡奶油	150毫升
柠檬汁	5毫升
水淀粉	5毫升
白糖	70克

做法

1 将蛋黄加40克白糖打至奶白色。

2 将淡奶油倒入锅，用小火煮至锅边起泡，关火，慢慢倒入打发的蛋黄，拌匀，再用小火煮约15分钟，中间要不停搅拌，直至浓稠。

3 待放凉后，倒入酸奶拌匀。

4 倒入碗中，放入冰箱，冷冻2小时后取出拌匀，重复操作3~4次。

5 往锅中放入蓝莓、剩余的白糖，加热至白糖溶化，再放入水淀粉、柠檬汁，续煮约1分钟，关火，放凉后淋在酸奶冰淇淋上即可。

巧克力双色冰淇淋球

原料

牛奶……200毫升
蛋黄……3个
巧克力……40克
杏子果酱……适量
打发淡奶油……120克
白糖……60克

做法

1 将蛋黄加白糖打发，慢慢倒入稍微加热过的牛奶，并不断地搅拌。

2 将鸡蛋牛奶液均分成两份，分别放入小锅中，其中一份加入巧克力，一边搅拌，一边加热至85℃，再隔冰块冷却至5℃。

3 分别加入打发淡奶油，拌匀，放入冰箱冷冻，每隔2小时取出搅拌，重复操作3～4次。

4 取出冻好的冰淇淋，用挖球器先挖部分巧克力冰淇淋，再挖原味冰淇淋，制成双色冰淇淋球，放入盘中，浇上杏子果酱即可。

黑巧克力冰淇淋

原料

牛奶……200毫升
蛋黄……2个
淡奶油……125毫升
柠檬汁……适量
黑巧克力……适量
巧克力酱……适量
白糖……70克

做法

1 将白糖、牛奶、蛋黄倒入奶锅中，边加热边搅拌，至微微沸腾，离火。

2 倒入淡奶油中，搅拌均匀，再用筛网过滤。

3 将巧克力加牛奶隔热水溶化，加柠檬汁拌匀。

4 将混合好的巧克力液倒入牛奶混合液中，搅拌均匀，使其冷却。

5 放入冰箱冷冻，每隔2个小时取出，拌匀，重复此过程3～4次以上，至冰淇淋冻硬。

6 取出冻好的冰淇淋，淋上适量巧克力酱，再以碎巧克力做装饰即可。

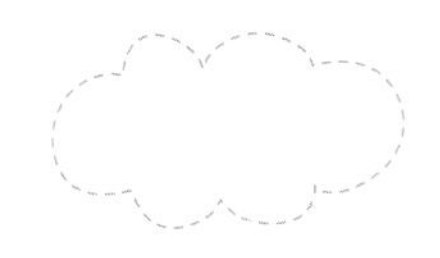

抹茶冰淇淋

原料

牛奶……300毫升
蛋黄……2个
淡奶油……300毫升
抹茶粉……20克
玉米淀粉……10克
白糖……150克

做法

1 往锅中倒入抹茶粉，加入玉米淀粉、牛奶，开小火，搅拌均匀。

2 用温度计测温，煮至80℃关火，制成抹茶糊。

3 往玻璃碗中倒入备好的蛋黄，用搅拌器打成蛋液。

4 倒入抹茶糊，加入白糖，搅拌均匀。

5 再倒入淡奶油，搅拌均匀，制成冰淇淋浆。

6 将冰淇淋浆倒入保鲜盒，封上保鲜膜，放入冰箱冷冻5小时至成形。

7 从冰箱里取出冻好的冰淇淋，撕去保鲜膜。

8 用挖球器将冰淇淋挖成球状，将冰淇淋球装碟即可。

奥利奥冰淇淋

牛奶……300毫升
蛋黄……2个
淡奶油……300毫升
玉米淀粉……15克
奥利奥饼干粉……100克
白糖……150克

做法

1 往锅中倒入玉米淀粉，加入牛奶，开小火，用搅拌器搅拌均匀。

2 用温度计测温，煮至80℃关火，倒入白糖，搅拌均匀，制成奶浆。

3 往玻璃碗中倒入备好的蛋黄，用搅拌器打成蛋液。

4 待奶浆温度降至50℃，倒入蛋液中，搅拌均匀。

5 倒入淡奶油，用电动搅拌器搅拌均匀，制成冰淇淋浆。

6 将冰淇淋浆倒入保鲜盒，封上保鲜膜，放入冰箱冷冻5小时至成形。

7 取出冻好的冰淇淋，撕去保鲜膜，将冰淇淋挖成球状。

8 将冰淇淋球装入雪糕杯，撒上奥利奥饼干粉即可。

酸奶草莓酱冰淇淋

原料

蛋黄……3个

酸奶……300毫升

淡奶油……150毫升

草莓酱……适量

白糖……70克

做法

1 取一碗，放入适量的草莓酱。

2 将蛋黄加40克白糖打至奶白色。

3 将淡奶油倒入锅中，用小火煮至锅边起泡，关火，慢慢倒入打发的蛋黄，拌匀。

4 再用小火煮约15分钟，中间要不停搅拌，直至浓稠，待放凉后，倒入酸奶拌匀。

5 倒入碗中，放入冰箱，冷冻2小时，取出拌匀，重复操作3～4次。

6 取出冻好的酸奶冰淇淋，挖成球，放入盛有草莓酱的碗中即可。

冰淇淋蛋卷

原料

牛奶……300毫升
蛋卷……3个
蛋黄……4个
草莓汁……40毫升
芒果汁……40毫升
巧克力……35克
打发淡奶油……150克
白糖……60克

做法

1 将蛋黄加白糖打发，倒入加热过的牛奶并不断地搅拌。

2 将鸡蛋牛奶液均分成三份，分别放入小锅中，其中一份加巧克力，均边搅拌边加热至85℃，用筛网过滤，再隔冰水冷却至5℃。

3 分别加打发淡奶油拌匀，并在没有加巧克力的两份液体中分别加草莓汁和芒果汁拌匀。

4 将三份冰淇淋液放入冰箱冷冻，每隔2小时取出搅拌，重复操作3～4次。

5 取出冰淇淋，挖球，放在蛋卷上即可。

鲜草莓奶香冰淇淋

原料

蛋黄……3个
牛奶……200毫升
草莓……50克
柠檬……半个
淡奶油……190毫升
白糖……100克

做法

1 将蛋黄和牛奶、白糖放一起搅拌成蛋黄糊，挤入柠檬汁，隔水用小火慢慢加热，不停搅拌，不要让浆水沸腾，待蛋奶液稍微浓厚黏稠时，连盆放入冷水中冷却。

2 草莓洗净去蒂；淡奶油稍打发，加蛋奶液拌匀。

3 放入冰箱冷冻，每隔2小时取出拌匀1次，重复操作3～4次，至冻硬即可。

取出，放上切好的草莓，再放入冰箱冷冻一会儿即可。

奥利奥酸奶冰淇淋

原料

酸奶……200毫升
蛋黄……2个
淡奶油……150克
玉米淀粉……15克
奥利奥饼干……适量
白糖……70克

做法

1 将蛋黄加35克白糖打发，加玉米淀粉拌匀。

2 将淡奶油倒入锅中加热，加入剩余的糖，搅至糖溶化，关火。

3 将奶油混合液倒入蛋黄混合液中拌匀，用小火加热至浓稠，关火放凉；奥利奥饼干压碎。

4 往凉透的冰淇淋液中放入酸奶，拌匀后倒入容器中，放入冰箱冷冻，每隔2小时取出搅拌，重复3~4次，最后一次搅拌后，放入奥利奥饼干碎，拌匀，取出，挖成球状，放入碗中即可。

蜂蜜冰淇淋

原料

蛋黄	2个	淡奶油	300毫升
蜂蜜	100克	玉米淀粉	15克
牛奶	300毫升	白糖	150克

做法

1 往锅中倒入玉米淀粉，加入牛奶，开小火，用搅拌器搅拌均匀。

2 用温度计测温，煮至80℃关火，倒入白糖，搅拌均匀，制成奶浆。

3 往玻璃碗中倒入备好的蛋黄，用搅拌器打成蛋液。

4 待奶浆温度降至50℃，倒入蛋液中，搅拌均匀。

5 倒入淡奶油，搅拌均匀，制成浆汁。

6 加入蜂蜜，用电动搅拌器打发均匀，制成冰淇淋浆。

7 将冰淇淋浆倒入保鲜盒，封上保鲜膜，放入冰箱冷冻5小时至成形。

8 取出冻好的冰淇淋，撕去保鲜膜，将冰淇淋挖成球状，装碟即可。

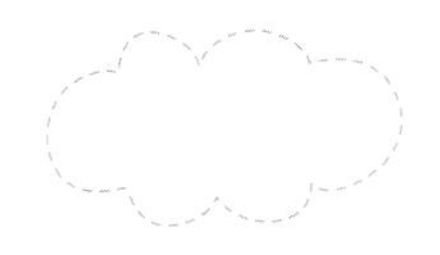

香草牛奶冰淇淋

原料

牛奶	300毫升	香草粉	60克
蛋黄	2个	玉米淀粉	15克
淡奶油	300毫升	白糖	150克

做法

1 往锅中倒入玉米淀粉，加入牛奶，开小火，用搅拌器搅拌均匀。

2 用温度计测温，煮至80℃关火，倒入白糖，搅拌均匀，制成奶浆。

3 往玻璃碗中倒入备好的蛋黄，用搅拌器打成蛋液。

4 待奶浆温度降至50℃，倒入蛋液中，搅拌均匀。

5 倒入淡奶油、香草粉，用电动搅拌器打匀，制成冰淇淋浆。

6 将冰淇淋浆倒入保鲜盒，封上保鲜膜，冷冻5小时至成形。

7 取出冻好的冰淇淋，撕去保鲜膜，用挖球器将冰淇淋挖成球状。

8 将冰淇淋球装入碟中即可。

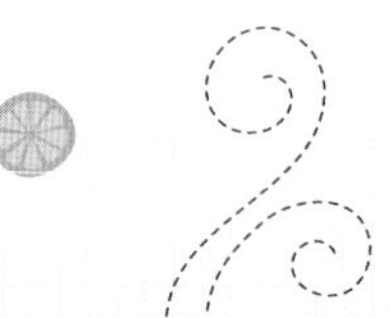

牛奶桑葚冰淇淋

原料

桑葚……适量
纯牛奶……100毫升
蔓越莓……适量
奶油奶酪……100克
原味浓酸奶……150毫升
白糖……50克

做法

1 将奶油奶酪切小块放入大碗中，室温软化。

2 加白糖，隔水加热，用电动搅拌器打至细腻光滑后关火，倒入纯牛奶和酸奶后拌匀。

3 倒入容器中，放入冰箱冷冻，每隔2小时取出用电动搅拌器搅拌1次，重复3次。

4 取出，待稍微软化后挖成球，放入容器中，用桑葚、蔓越莓做装饰即可。

鲜草莓柠檬冰淇淋

原料

蛋黄……4个
草莓……300克
柠檬……半个
淡奶油……250毫升
酸奶（黏稠）……少许
白糖……100克

做法

1 草莓洗净去蒂，留几个待用，其余放入搅拌机中搅打成汁，挤入柠檬汁搅匀；将白糖倒入40毫升清水中，煮至黏稠。

2 将蛋黄打散，加糖水打至颜色变浅，温度降低。

3 将淡奶油打至六成发，与降温的蛋黄液、草莓汁混合匀，制成冰淇淋液。

4 取容器，倒入少许冷酸奶，抹匀内壁。

5 倒入冰淇淋液，放入冰箱冷冻4小时以上，取出，加上切开的草莓，再冷冻一会儿即可。

芒果鳄梨冰淇淋

原料

牛奶……200毫升
蛋黄……2个
鳄梨……适量
淡奶油……100毫升
芒果果酱……适量
白糖……60克

做法

1 将蛋黄与白糖放入容器中，打发至变白，加入牛奶，拌匀。

2 用小火加热，煮至牛奶蛋糊呈浓稠状，离火，稍凉后隔冰水冷却。

3 将淡奶油打发，分次加入牛奶蛋糊中，拌匀。

4 放入冰箱冷冻，每隔2小时，取出拌匀，重复此步骤3次。

5 鳄梨去皮、核，洗净，切成厚片，摆入盘中，淋上芒果果酱。

6 取出冻好的冰淇淋，挖球，放在鳄梨上，再淋上少许芒果果酱即可。

香醉草莓树莓冰淇淋

原料

蛋黄……1个
牛奶……50毫升
草莓……适量
树莓……适量
柠檬汁……20毫升
利口酒……10毫升
淡奶油……250毫升
白糖……40克

做法

1 将蛋黄加白糖、柠檬汁、利口酒，充分混合。

2 将牛奶倒入奶锅，边加热边搅拌，至牛奶微微沸腾，离火，倒入蛋液中，边倒边搅拌至呈糊。

3 将淡奶油隔冰水打发，加放凉的奶糊拌匀。

4 放入冰箱冷冻，每隔2小时取出搅拌，重复操作3～4次。

5 取杯子，用洗净去蒂的树莓垫底，中间放入挖取出的冰淇淋，最上面放上树莓、草莓，放入冰箱冷冻半小时即可。

利口酒巧克力冰淇淋

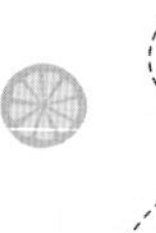

原料

牛奶……150毫升
蛋黄……3个
淡奶油……200毫升
巧克力……120克
葡萄干……60克
利口酒……适量
白糖……80克

做法

1 将葡萄干洗净，放在利口酒中泡1小时；巧克力切碎，留一小块切条；蛋黄加白糖打至呈淡黄色。

2 将牛奶、巧克力倒入奶锅中，加热至巧克力溶化，离火，再倒入蛋液中，边倒边搅拌匀。

3 将泡好的葡萄干，放入搅拌机中搅打成泥。

4 把淡奶油打发，与葡萄干泥一同放入蛋奶液中，搅打均匀。

5 装入容器中，放入冰箱冷冻，每隔2小时，取出搅打均匀，重复操作3～4次，取出后挖成球形，装在盘中即可。

夹层巧克力冰淇淋

原料

牛奶……250毫升
草莓……适量
蛋黄……2个
淡奶油……250毫升
巧克力碎……10克
巧克力酱……100克
白糖……40克

做法

1 将草莓洗净，切块；蛋黄中加白糖，打至呈乳白色。

2 将牛奶入锅边加热边搅拌，至出现小泡，离火，倒入蛋液中，边加热边搅拌，至黏稠。

3 将淡奶油隔冰水打发，倒入蛋奶糊中，拌匀，再放入冰箱冷冻，每隔2小时取出搅拌1次，重复操作3~4次。

4 往杯中倒入少许巧克力酱、草莓，挖入一层冰淇淋，再放入巧克力酱、草莓、巧克力碎。

5 再放入一层冰淇淋，撒上巧克力碎即可。

可可冰淇淋

原料

牛奶	300毫升	可可粉	60克
蛋黄	2个	玉米淀粉	15克
淡奶油	300毫升	白糖	150克

做法

1 往锅中倒入玉米淀粉，加入牛奶，开小火，用搅拌器搅拌均匀。

2 用温度计测温，煮至80℃关火，倒入白糖，搅拌均匀，制成奶浆。

3 往玻璃碗中倒入备好的蛋黄，用搅拌器打成蛋液。

4 待奶浆温度降至50℃，倒入蛋液中，搅拌均匀。

5 倒入淡奶油，搅拌均匀，制成浆汁。

6 倒入可可粉，用电动搅拌器打匀，制成冰淇淋浆。

7 将冰淇淋浆倒入保鲜盒，封上保鲜膜，放入冰箱冷冻5小时至成形。

8 取出冻好的冰淇淋，撕去保鲜膜，挖成球状，装杯即可。

伯爵奶茶冰淇淋

原料

牛奶	300毫升	红茶水	300毫升
蛋黄	2个	玉米淀粉	15克
淡奶油	300毫升	白糖	150克

做法

1 往锅中倒入玉米淀粉，加入牛奶，开小火，用搅拌器搅拌均匀。

2 用温度计测温，煮至80℃后关火，倒入白糖，搅拌均匀，制成奶浆。

3 往玻璃碗中倒入备好的蛋黄，用搅拌器打成蛋液。

4 待奶浆温度降至50℃，倒入蛋液中，搅拌均匀。

5 倒入淡奶油，搅拌均匀，制成浆汁。

6 倒入红茶水，用电动搅拌器打匀，制成冰淇淋浆。

7 将冰淇淋浆倒入保鲜盒，封上保鲜膜，放入冰箱冷冻5小时至成形。

8 取出冻好的冰淇淋，将冰淇淋挖成球状，装入雪糕杯即可。

洛神冰淇淋

原料

牛奶……100毫升

淡奶油……150毫升

柠檬汁……15毫升

洛神花果酱……250克

白糖……70克

做法

1 将牛奶、淡奶油和白糖放入锅中，熬煮至糖完全溶化，制成奶油糊。

2 将奶油糊用筛网过滤后倒入碗中，放凉。

3 往奶油糊中加入洛神花果酱和柠檬汁，拌成冰淇淋液，装入密封容器中，放入冰箱冷冻。

4 每隔2小时取出冰淇淋，用叉子搅拌，此操作重复3～4次，至冰淇淋变硬即可。

5 取出，用挖球器挖冰淇淋球，装碗即可。

可可草莓夹心冰淇淋

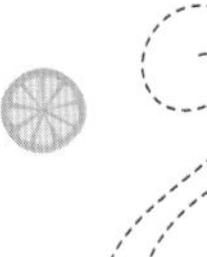

原料

牛奶……250毫升
蛋黄……3个
草莓……适量
淡奶油……200毫升
可可粉……适量
草莓粉……适量
白糖……50克

做法

1 往牛奶中放入蛋黄、白糖，搅拌均匀，再隔水加热至锅边起泡，中途要不停搅拌，冷却。

2 将淡奶油打发后放到冷却的蛋黄液中，拌匀。

3 将搅拌好的冰淇淋液分成3份，其中2份分别放入可可粉、草莓粉，搅拌均匀。

4 放入冰箱冷冻，每隔2小时取出搅拌，重复3～4次，最后一次搅拌时，取模具依次放入巧克力冰淇淋、原味冰淇淋、草莓冰淇淋。

5 冻好后取出脱模，放上原味冰淇淋和草莓即可。

甜筒冰淇淋

原料

牛奶……300毫升
蛋黄……4个
蛋卷……3个
柳橙汁……适量
花生酱……适量
打发淡奶油……150克
白糖……60克

做法

1 将蛋黄加白糖打发，倒入加热过的牛奶中拌匀。

2 再放入小锅中，边搅拌边加热至85℃，然后分别用筛网过滤。

3 将冰淇淋液倒入碗中，放入装有冰块的盆中冷却至5℃，分次加入打发淡奶油，拌匀。

4 放入冰箱冷冻，每隔2小时，取出，用叉子搅拌均匀后再冷冻，反复操作3～4次。

5 取出冰淇淋，用挖球器挖球，放在蛋卷上，淋上花生酱、柳橙汁即可。

双色巧克力冰淇淋

原料

牛奶……250毫升
淡奶油……200克
牛奶巧克力……100克
黑巧克力……100克
树莓……适量
蓝莓……适量
白糖……50克

做法

1 将牛奶和白糖入锅加热，搅拌至白糖溶化，关火，分为两份，分别加入切碎的牛奶巧克力和黑巧克力，搅拌至溶化，再隔冰水降温。

2 将淡奶油打至七分发，一分为二，分别加入到牛奶及黑巧克力液中，拌匀，装入不同容器中。

3 放入冰箱冷冻，每隔2小时取出搅拌一次，重复操作3～4次，最后一次搅拌后将牛奶巧克力冰淇淋倒入杯中至一半高，再倒入黑巧克力冰淇淋，冻凝固后放入牛奶巧克力、树莓、蓝莓装饰即可。

巧克力冰淇淋

原料

牛奶	300毫升	玉米淀粉	15克
蛋黄	2个	巧克力酱	200克
淡奶油	300毫升	白糖	150克

做法

1 往锅中倒入玉米淀粉，加入牛奶，开小火，用搅拌器搅拌均匀。

2 用温度计测温，煮至80℃后关火，倒入白糖，搅拌均匀，制成奶浆。

3 往玻璃碗中倒入备好的蛋黄，用搅拌器打成蛋液。

4 待奶浆温度降至50℃，倒入蛋液中，搅拌均匀。

5 倒入淡奶油，搅拌均匀，制成浆汁。

6 倒入巧克力酱，用电动搅拌器打匀，制成冰淇淋浆。

7 将冰淇淋浆倒入保鲜盒，封上保鲜膜，放入冰箱冷冻5小时至成形。

8 取出冻好的冰淇淋，撕去保鲜膜，将冰淇淋挖成球状，装碟即可。

哈根达斯冰淇淋

原料

牛奶	300毫升	玉米淀粉	15克
蛋黄	2个	巧克力浆	适量
淡奶油	300毫升	白糖	150克

做法

1 往锅中倒入玉米淀粉，加入牛奶，开小火，用搅拌器搅拌均匀。

2 用温度计测温，煮至80℃后关火，倒入白糖，搅拌均匀，制成奶浆。

3 往玻璃碗中倒入备好的蛋黄，用搅拌器打成蛋液。

4 待奶浆温度降至50℃，倒入蛋液中，搅拌均匀。

5 倒入淡奶油，搅拌均匀，制成浆汁。

6 倒入巧克力浆，用电动搅拌器打匀，制成冰淇淋浆。

7 将冰淇淋浆倒入保鲜盒，封上保鲜膜，放入冰箱冷冻5小时至成形。

8 取出冻好的冰淇淋，撕去保鲜膜，将冰淇淋挖成球状，装入纸杯即可。

白巧克力冰淇淋

原料

牛奶……200毫升
树莓……适量
淡奶油……200毫升
树莓酱……适量
白巧克力……70克
白糖……50克

做法

1 将牛奶和白糖一起放入锅中，用小火加热，搅拌至白糖溶化，关火，趁温热时加入切碎的巧克力，搅拌至溶化，再隔冰水降温。

2 将淡奶油用搅拌器打至七八成发，分次加入到巧克力液中，拌匀。

3 放入冰箱冷冻，每隔2小时用搅拌器搅拌1次，重复3～4次，取出挖球，放入碗中，淋上树莓酱，装饰上树莓即可。

甜酒巧克力冰淇淋

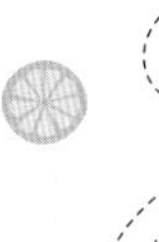

原料

牛奶……170毫升

蛋黄……2个

淡奶油……170毫升

黑巧克力……80克

巧克力饼干……1块

百利甜酒……适量

白糖……40克

做法

1 往锅中倒入牛奶、淡奶油煮至锅边出现小泡。

2 将蛋黄和白糖装碗，用搅拌器将其搅打均匀。

3 将奶油糊放入蛋黄糊中，搅拌均匀，加热至85℃，用筛网过滤。

4 黑巧克力切碎，放入过滤好的液体中，拌至溶化，放入百利甜酒，拌匀，隔冰水冷却。

5 放入冰箱冷冻，每隔1小时取出搅拌，重复操作3～4次，至冰淇淋变硬，取出挖球，装碗，插上巧克力饼干即可。

彩色条纹冰淇淋

原料

牛奶……150毫升
蛋黄……2个
肉桂……适量
树莓……适量
淡奶油……150毫升
肉桂粉……适量
白糖……50克

做法

1 将牛奶用小火加热，煮到锅边泛起小泡，关火冷却，再倒入蛋黄中，边倒边搅拌，再隔水加热，搅拌至浓稠。

2 将淡奶油加白糖，打发至六成发，分几次放入蛋奶浆中拌匀，再分成两份，其中一份放入肉桂粉，拌匀。

3 放入冰箱冷冻，每隔2小时，取出拌匀，重复3~4次。

4 取出，先用挖球器挖适量原味冰淇淋，再挖适量的肉桂冰淇淋，依次重复，至挖成球，装盘，摆上肉桂和树莓，撒上肉桂粉即可。

巧克力碎酸奶冰淇淋

原料

牛奶……200毫升
蛋黄……2个
淡奶油……120毫升
可可粉……适量
巧克力碎……适量
白糖……60克

做法

1 将淡奶油放入锅中，煮至锅边出现小泡。

2 将蛋黄加入白糖，搅拌成淡黄色，放入奶油糊中，加热至85℃。

3 用筛网过滤，隔冰水冷却至5℃，放入牛奶、可可粉，拌匀。

4 装入容器中，放入冰箱冷冻，每隔2小时，取出拌匀，重复操作3～4次，最后一次搅拌前放入巧克力碎，拌匀，冷冻。

5 取出冰淇淋，挖取冰淇淋球，放入铺有巧克力碎的容器中即可。

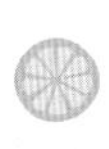

意式咖啡冰淇淋

原料

牛奶……300毫升
淡奶油……300毫升
蛋黄……2个
玉米淀粉……15克
咖啡……150毫升
白糖……150克

做法

1 往锅中倒入玉米淀粉，加入牛奶，开小火，用搅拌器搅拌均匀。

2 用温度计测温，煮至80℃后关火，倒入白糖，搅拌均匀，制成奶浆。

3 往玻璃碗中倒入备好的蛋黄，用搅拌器打成蛋液。

4 待奶浆温度降至50℃，倒入蛋液中，搅拌均匀。

5 倒入淡奶油，搅拌均匀，制成浆汁。

6 倒入咖啡，用电动搅拌器打匀，制成冰淇淋浆。

7 将冰淇淋浆倒入保鲜盒，封上保鲜膜，放入冰箱冷冻5小时至成形。

8 取出冻好的冰淇淋，撕去保鲜膜，将冰淇淋挖成球状，装入纸杯即可。

牛奶棉花糖冰淇淋

原料

蛋黄	2个	玉米淀粉	10克
牛奶	300毫升	棉花糖粒	200克
淡奶油	300毫升	白糖	150克

做法

1 将玉米淀粉倒入锅中，加入牛奶，开小火，用搅拌器搅拌均匀。

2 用温度计测温，煮至80℃后关火，加入白糖，搅拌均匀，制成奶浆。

3 取一玻璃碗，倒入奶浆，加入淡奶油，搅拌均匀。

4 待奶浆温度降至50℃，倒入蛋黄，搅匀，制成冰淇淋浆。

5 将冰淇淋浆倒入保鲜盒，封上保鲜膜，放入冰箱冷冻5小时至成形。

6 取出冻好的冰淇淋，撕去保鲜膜。

7 用挖球器将冰淇淋挖成球状。

8 将冰淇淋球装入雪糕杯中，放上棉花糖粒即可。

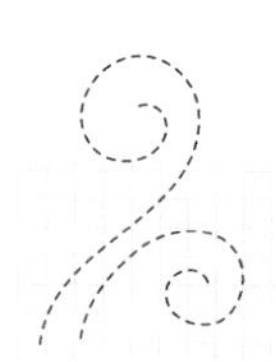

椰奶酱果冰淇淋

原料

蛋黄……2个
牛奶……200毫升
椰奶……100毫升
淡奶油……150克
玉米淀粉……10克
巧克力液……适量
鲜草莓……适量
白糖……80克

做法

1 将玉米淀粉、牛奶、白糖倒入锅中，煮至85℃关火，即成奶浆。

2 取蛋黄，打成蛋液，加入椰奶、淡奶油，拌匀，制成蛋黄椰浆。

3 往蛋黄椰浆中加入奶浆，打发成冰淇淋浆，倒入杯中，放入冰箱冷冻，每隔2小时取出搅拌，重复操作3～4次，最后一次搅拌前，放入洗净切块的草莓，拌匀。

4 取出冻好的冰淇淋，待其稍微软化，淋入一层巧克力液，放上草莓装饰即可。

意式咖啡豆冰淇淋

原料

牛奶……150毫升
蛋黄……2个
淡奶油……150毫升
速溶咖啡粉……10克
烤熟的咖啡豆……适量
白糖……50克

做法

1 往锅中放入牛奶、淡奶油，煮至锅边出现小泡。

2 将蛋黄和白糖放入碗中，用搅拌器将其搅拌至呈淡黄色。

3 将奶油糊加蛋黄糊拌匀，加热至85℃，过滤后隔冰水冷却至5℃，加速溶咖啡粉、咖啡豆拌匀。

4 装入容器中，放入冰箱冷冻2小时，取出拌匀，继续冷冻，重复操作3～4次。

5 取出挖球，装碗，装饰上咖啡豆即可。

抹茶巧克力冰淇淋

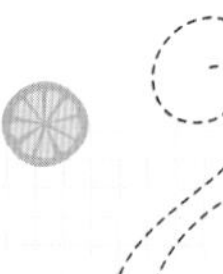

原料

牛奶……170毫升
蛋黄……2个
淡奶油……150毫升
抹茶粉……10克
巧克力碎……40克
白糖……50克

做法

1 往锅中放入牛奶、淡奶油，煮至锅边出现小泡。

2 将蛋黄和白糖放入碗中，用搅拌器将其搅拌至呈淡黄色。

3 将奶油糊放入蛋黄糊中，搅打加热至85℃。

4 用筛网过滤，隔冰水冷却至5℃，放入抹茶粉，充分搅拌均匀。

5 装入容器中，放入冰箱冷冻2小时，取出后加入巧克力碎拌匀，再入冰箱冷冻，每隔2小时取出搅拌，重复操作2~3次。

6 取出，挖成球，放入碗中即可。

吉士巧克力冰淇淋

原料

牛奶……100毫升
樱桃……适量
淡奶油……250毫升
吉士粉……40克
黑巧克力……适量
白糖……40克

做法

1 将牛奶中加入吉士粉、白糖，搅拌至呈糊，静置约10分钟。

2 将淡奶油打至八成发，放入牛奶糊中，拌匀。

3 再倒入冰淇淋机中，搅拌约半小时。

4 盛出，装入容器中并压平，放入冰箱，冷冻4～5小时后取出，放上樱桃。

5 黑巧克力隔热水溶化，放凉后淋在冰淇淋表面即可。

苹果香草冰淇淋

原料

牛奶……150毫升
蛋黄……2个
淡奶油……150毫升
香草荚……1/3个
苹果果胶……适量
紫丁香花……适量
白糖……70克

做法

1 将蛋黄加入白糖，搅拌至呈浅黄色。

2 将香草荚、牛奶和淡奶油一起放入锅中，煮至锅边出现小泡，制成香草奶油糊。

3 将奶油糊倒入蛋黄中，拌匀后倒入锅中，加热至85℃，边加热边搅拌。

4 用滤网过滤，隔冰水冷却至5℃。

5 将冰淇淋原液放入冰箱冷冻，每隔2小时取出搅拌，重复操作3～4次。

6 取出冰淇淋，挖成球状，放入杯中，浇上苹果果胶，装饰上洗净的紫丁香花即可。

Part 3

水果遇上冰，甜美的清爽——

果味冰淇淋

不管什么时候，冰淇淋中的这抹冰凉以及牛奶的绵柔顺滑，都是很多人无法遗忘的美味。那么，当水果遇上冰淇淋，又是怎样的感觉呢？冰淇淋与四季鲜果巧妙融合，新鲜的水果带来清新舒适的口感，加之色彩绚烂的花果的点缀，看着就已经令人心醉，轻轻咬一口，细细品味，如此的甜蜜清爽，带来一场场视觉和味觉的盛宴。

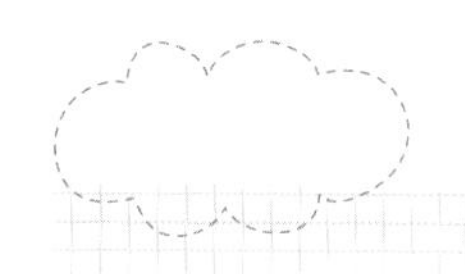

草莓冰淇淋

原料

牛奶……300毫升
蛋黄……2个
淡奶油……300毫升
草莓泥……400克
玉米淀粉……10克
白糖……150克

做法

1 往锅中倒入玉米淀粉，加入牛奶，开小火，搅拌均匀。

2 用温度计测温，煮至80℃后关火，倒入白糖，搅拌均匀，制成奶浆。

3 往玻璃碗中倒入蛋黄，用搅拌器打成蛋液，备用。

4 再加入奶浆、淡奶油，搅拌均匀，制成浆汁。

5 倒入备好的草莓泥，搅拌均匀，制成冰淇淋浆。

6 将冰淇淋浆倒入保鲜盒，封上保鲜膜，放入冰箱冷冻5小时至成形。

7 取出冻好的冰淇淋，撕去保鲜膜。

8 用挖球器将冰淇淋挖成球状，将冰淇淋球装入碟中即可。

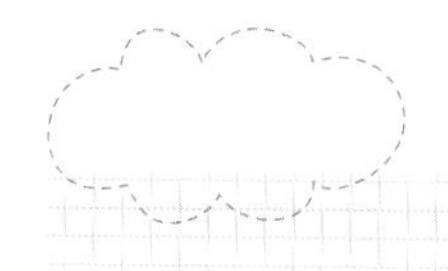

橙汁冰淇淋

原料

牛奶	300毫升	橙汁	100毫升
蛋黄	2个	玉米淀粉	10克
淡奶油	300毫升	白糖	150克

做法

1 往锅中倒入玉米淀粉，加入牛奶，开小火，搅拌均匀。

2 用温度计测温，煮至80℃后关火，倒入白糖，搅拌均匀，制成奶浆。

3 往玻璃碗中倒入蛋黄，用搅拌器打成蛋液，备用。

4 加入奶浆，倒入淡奶油，搅拌均匀，制成浆汁。

5 加入橙汁，拌匀，制成冰淇淋浆。

6 将冰淇淋浆倒入保鲜盒，封上保鲜膜，放入冰箱冷冻5小时至成形。

7 取出冻好的冰淇淋，撕去保鲜膜,用挖球器将冰淇淋挖成球状。

8 将冰淇淋球装入碟中即可。

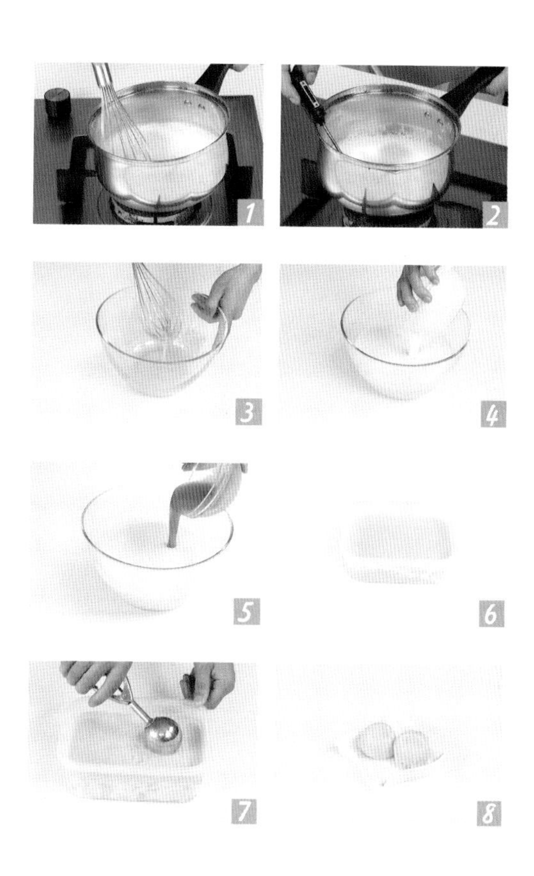

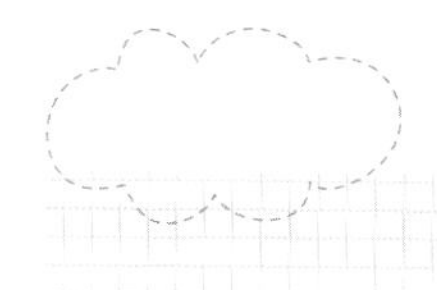

芒果冰淇淋

原料

牛奶……………………300毫升
淡奶油…………………300克
芒果肉…………………250毫升
蛋黄……………………2个
玉米淀粉………………10克
白糖……………………150克

做法

1 往锅中倒入玉米淀粉，加入牛奶，开小火，搅拌均匀。

2 用温度计测温，煮至80℃后关火，倒入白糖，搅拌均匀，制成奶浆。

3 往玻璃碗中倒入蛋黄，用搅拌器打成蛋液，备用。

4 加入奶浆、淡奶油，搅拌均匀，制成浆汁。

5 另一玻璃碗中倒入芒果肉，用电动搅拌器打成泥状。

6 再倒入浆汁，搅匀，制成冰淇淋浆。

7 将冰淇淋浆倒入保鲜盒中，封上保鲜膜，放入冰箱冷冻5小时至成形。

8 取出冻好的冰淇淋，撕去保鲜膜，将冰淇淋挖成球状，装盘即可。

黄桃冰淇淋

原料

黄桃……300克
淡奶油……150克
原味酸奶……100毫升
白糖……50克

做法

1 黄桃去皮、核，取出果肉，洗净，切两片做装饰，其余切成小块。

2 将黄桃果肉、白糖放入搅拌机，搅打成泥，加酸奶拌匀。

3 将淡奶油打发，加到拌好的果泥中，拌匀。

4 放入冰箱冷冻，每隔2小时取出搅拌，重复操作3～4次。

5 取出后挖成球，放入容器中，再摆上黄桃片装饰即可。

香杏橙汁冰淇淋

原料

牛奶……150毫升
蛋黄……2个
杏子……200克
橙汁……20毫升
淡奶油……150毫升
白糖……60克

做法

1 杏子洗净，去皮、核，切块。

2 蛋黄加白糖，用搅拌器搅拌均匀。

3 往锅中放入牛奶、淡奶油、橙汁，煮至起泡。

4 将拌匀的牛奶倒入蛋黄中，边加热边搅拌，至温度达85℃。

5 隔冰水冷却至5℃，加杏肉拌匀，装入容器。

6 放入冰箱冷冻，每隔2小时取出拌匀，重复操作3～4次，取出后挖成球，装碗即可。

香草菠萝冰淇淋

原料

牛奶……160毫升
蛋黄……2个
淡奶油……150毫升
香草荚……1/3个
菠萝肉……适量
核桃仁……适量
白糖……50克

做法

1 将菠萝肉放入搅拌机，打成泥。

2 往锅中放入牛奶、淡奶油和香草荚，煮至锅边出现细小的泡泡，关火。

3 将蛋黄和白糖放入碗中，搅拌至呈淡黄色，倒入拌匀的牛奶中，拌匀，加热至85℃。

4 隔冰水冷却至5℃，放入芒果泥，拌匀。

5 放入冰箱冷冻，每隔2小时取出搅拌，重复操作3～4次，取出冻好的冰淇淋，挖成球，放入碗中，装饰上核桃仁即可。

苹果椰奶冰淇淋

原料

蛋黄……3个
淡奶油……200克
椰奶……150毫升
苹果……300克
白糖……100克

做法

1 苹果洗净，切三瓣做装饰，剩余部分去皮，去核，切碎，放入搅拌机，打成苹果泥。

2 将椰奶、白糖倒入锅中，煮至85℃关火，成椰奶液。

3 取蛋黄，打成蛋液，加入淡奶油，拌匀，制成蛋黄浆。

4 往蛋黄浆中加入椰奶液、苹果泥，搅拌均匀，放入冰箱冷冻，每隔2小时取出搅拌，重复操作3~4次。

5 取出冻好的冰淇淋，挖成球，放入碗中，插上苹果瓣装饰即可。

黄瓜猕猴桃冰淇淋

原料

酸奶……150毫升
淡奶油……150克
猕猴桃……200克
黄瓜……适量
白糖……60克

做法

1 猕猴桃去皮，洗净，少许切片，剩余的切成丁；黄瓜洗净，切块。

2 将猕猴桃丁、黄瓜块、白糖、酸奶放入搅拌机中，搅打成泥。

3 将淡奶油打发，放入到拌好的果泥中，搅拌均匀，放入容器中。

4 放入冰箱冷冻，每隔2小时取出搅拌，重复操作3～4次。

5 取出冻好的冰淇淋，挖成球，放入盘中，摆上切好的猕猴桃片即可。

三色冰淇淋

原料

牛奶……200毫升
蛋黄……2个
淡奶油……200毫升
芒果汁……70毫升
草莓汁……70毫升
猕猴桃汁……70毫升
白糖……50克

做法

1 往锅中放牛奶、淡奶油，煮至锅边出现小泡。

2 将蛋黄和白糖放入碗中，搅拌至呈淡黄色。

3 将奶油糊放入蛋黄糊中，边搅打边加热至85℃。

4 用筛网过滤，隔冰水冷却至5℃，分成三份。

5 分别放入芒果汁、草莓汁、猕猴桃汁，拌匀。

6 装入容器中，放入冰箱冷冻2小时，取出拌匀，继续冷冻，重复操作2~3次。

7 取出三种冰淇淋，挖成球，放入杯中即可。

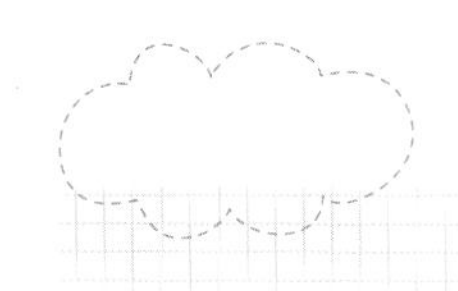

苹果冰淇淋

原料

牛奶	300毫升	苹果泥	300克
蛋黄	2个	玉米淀粉	10克
淡奶油	300毫升	白糖	150克

做法

1 往锅中倒入玉米淀粉，加入牛奶，开小火，搅拌均匀。

2 用温度计测温，煮至80℃后关火，倒入白糖，搅拌均匀，制成奶浆。

3 往玻璃碗中倒入蛋黄，用搅拌器打成蛋液。

4 再加入奶浆，倒入淡奶油，搅拌均匀，制成浆汁。

5 再加入苹果泥，搅拌均匀，制成冰淇淋浆。

6 将冰淇淋浆倒入保鲜盒，封上保鲜膜，放入冰箱冷冻5小时至成形。

7 取出冻好的冰淇淋，撕去保鲜膜，用挖球器将冰淇淋挖成球状。

8 将冰淇淋球装入碟中即可。

香瓜冰淇淋

原料

牛奶……300毫升
蛋黄……2个
淡奶油……300毫升
香瓜泥……400克
玉米淀粉……10克
白糖……150克

做法

1 往锅中倒入玉米淀粉，加入牛奶，开小火，搅拌均匀。

2 用温度计测温，煮至80℃后关火，倒入白糖，搅拌均匀，制成奶浆。

3 往玻璃碗中倒入蛋黄，用搅拌器打成蛋液。

4 加入奶浆，倒入淡奶油，搅拌均匀，制成浆汁。

5 再倒入香瓜泥，搅拌均匀，制成冰淇淋浆。

6 将冰淇淋浆倒入保鲜盒，封上保鲜膜，放入冰箱冷冻5小时至成形。

7 取出冻好的冰淇淋，撕去保鲜膜，用挖球器将冰淇淋挖成球状。

8 将冰淇淋球装入碟中即可。

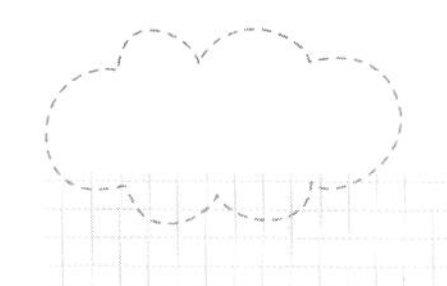

香蕉冰淇淋

原料

牛奶……300毫升	蛋黄……2个	白糖……75克
香蕉肉……200克	柠檬汁……10克	
淡奶油……200毫升	玉米淀粉……10克	

做法

1 将玉米淀粉、牛奶倒入锅中，边煮边搅，至80℃后关火，即成奶液。

2 再加入白糖，用搅拌器搅拌均匀，制成奶浆。

3 往玻璃碗中倒入蛋黄，搅拌成蛋液。

4 加入奶浆，倒入淡奶油，搅匀，制成浆汁。

5 另一玻璃碗中放入香蕉，用电动搅拌器打成泥状。

6 加入柠檬汁，倒入浆汁，搅匀，制成冰淇淋浆。

7 将冰淇淋浆倒入保鲜盒，封上保鲜膜，放入冰箱冷冻5小时至成形。

8 取出冻好的冰淇淋，撕去保鲜膜，将冰淇淋挖成球状，装入杯中即可。

香蕉核桃冰淇淋

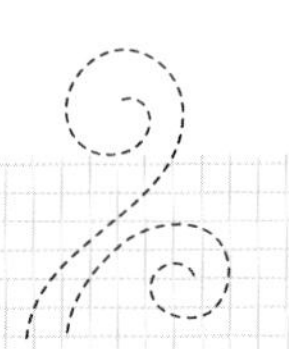

原料

香蕉……200克
牛奶……200毫升
淡奶油……190毫升
蛋黄……2个
树莓……适量
蓝莓……适量
核桃碎……少许
白糖……50克

做法

1 将蛋黄、白糖、牛奶倒入奶锅搅拌均匀，用小火加热并不断搅拌至冒小泡关火。

2 待煮过的混合物彻底冷却后，倒入淡奶油，并搅打均匀，即成冰淇淋浆。

3 香蕉去皮，装入保鲜袋，压成泥，将香蕉泥倒入拌匀的冰淇淋浆中，搅拌均匀。

4 装入容器中，放入冰箱冷冻2小时，取出拌匀，继续冷冻，重复操作3~4次。

5 取出后，挖成球，放入盘中，摆入树莓和蓝莓，撒上核桃碎即可。

樱桃柠檬冰淇淋

原料

牛奶……160毫升
蛋黄……2个
樱桃……100克
淡奶油……160毫升
柠檬汁……10毫升
白糖……60克

做法

1 往锅中放牛奶、淡奶油，煮至锅边出现小泡，呈糊状。

2 将蛋黄和白糖放入碗中，搅拌至呈淡黄色。

3 将奶油糊放入蛋黄糊中，搅打加热至85℃，再用筛网过滤，隔冰水冷却至5℃。

4 樱桃去核，和柠檬汁一起放入搅拌机，打成泥，过滤后，倒入奶油蛋黄糊中，搅拌匀。

5 装入容器中，放入冰箱冷冻，每隔2小时，取出拌匀，重复操作3~4次。

取出后，挖成球，放入碗中即可。

草莓鲜奶冰淇淋

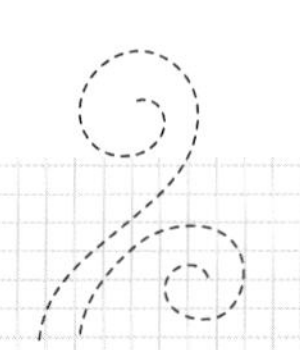

原料

牛奶……190毫升
蛋黄……2个
草莓……150克
淡奶油……140毫升
白糖……50克

做法

1 将草莓洗净，去蒂，部分草莓与少许牛奶一起放入搅拌机中搅打成汁，用筛网过滤。

2 将剩余草莓对半切开；剩余牛奶和淡奶油放入锅中，煮至锅边出现小泡，制成奶油糊。

3 将蛋黄和白糖放入碗中，搅拌至浅黄色，加入奶油糊，拌匀后倒入锅中，加热至85℃，制成冰淇淋原液。

4 将煮好的冰淇淋原液用筛网过滤，隔冰水冷却至5℃，加入草莓汁，拌匀。

5 放入冰箱冷冻，每隔2小时取出搅拌，重复操作3～4次，取出后挖球装碗，装饰上草莓。

西瓜柠檬冰淇淋

原料

牛奶……………………150毫升
蛋黄……………………2个
西瓜……………………100克
淡奶油…………………140毫升
柠檬汁…………………少许
白糖……………………50克

做法

1 将西瓜去籽，切小块，放入搅拌机中搅拌，然后用筛网过滤，制成西瓜汁。

2 将蛋黄和白糖放入碗中，搅拌至浅黄色。

3 将牛奶和淡奶油放入锅中，煮至锅边出现小泡，制成奶油糊。

4 将奶油糊倒入蛋黄液中，拌匀后倒入锅中，加热至85℃，再隔冰水冷却至5℃，加入西瓜汁、柠檬汁，拌匀。

5 放入冰箱冷冻，每隔2小时取出搅拌，重复操作3～4次，取出后挖球即可。

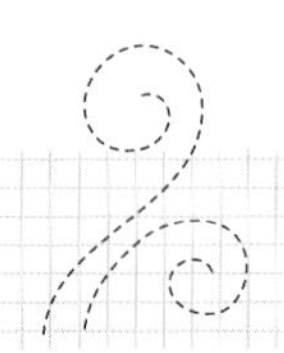

木瓜酸奶冰淇淋

原料

蛋黄……3个

淡奶油……250毫升

木瓜果肉……300克

酸奶……适量

白糖……80克

做法

1 将蛋黄和白糖装碗，隔热水搅拌至呈浅黄色。

2 木瓜果肉切成块，放入榨汁机中，打成泥。

3 将木瓜泥放入拌好的蛋黄液中，拌匀放凉。

4 将淡奶油打至七成发，放入木瓜蛋黄液中，拌匀，再加入酸奶，拌成冰淇淋液。

5 将冰淇淋液倒入盘中，放入冰箱冷冻，每隔2小时取出搅拌，重复操作3~4次。

6 取出冻好的冰淇淋，挖成球，放入杯中。

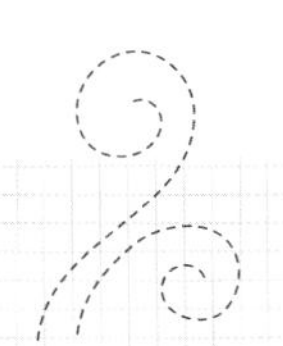

四色绚烂冰淇淋

原料

牛奶……250毫升
淡奶油……190毫升
蛋黄……2个
芒果泥……适量
柠檬汁……适量
猕猴桃汁……20毫升
巧克力酱……50克
桑葚果酱……30克
巧克力棒……1根
白糖……90克

做法

1 将蛋黄加入白糖、柠檬汁，搅打均匀。

2 将牛奶倒入奶锅中，边加热边搅拌至冒小泡，关火后倒入蛋液中，边倒边搅拌。

3 将淡奶油打至七成发，倒入蛋奶液中搅拌匀。

4 将混合液分成四份，分别放入猕猴桃汁、巧克力酱、桑葚果酱、芒果泥，搅拌均匀。

5 再装入不同的容器中，放入冰箱冷冻，每隔2小时取出搅拌，重复操作3～4次，取出后挖成球形，装在杯中，插上巧克力棒。

火龙果冰淇淋

原料

牛奶	300毫升	玉米淀粉	15克
蛋黄	2个	火龙果泥	300克
淡奶油	300毫升	白糖	150克

做法

1 往锅中倒入玉米淀粉，加入牛奶，开小火，用搅拌器搅拌均匀。

2 用温度计测温，煮至80℃后关火，倒入白糖，搅拌均匀，制成奶浆。

3 往玻璃碗中倒入蛋黄，用搅拌器打成蛋液，备用。

4 待奶浆温度降至50℃，倒入蛋液中，搅拌均匀。

5 再倒入淡奶油、火龙果泥，用电动搅拌器打匀，制成冰淇淋浆。

6 将冰淇淋浆倒入保鲜盒，封上保鲜膜，放入冰箱冷冻5小时至成形。

7 取出冻好的冰淇淋，撕去保鲜膜，用挖球器将冰淇淋挖成球状。

8 将冰淇淋球装入盘中即可。

蓝莓冰淇淋

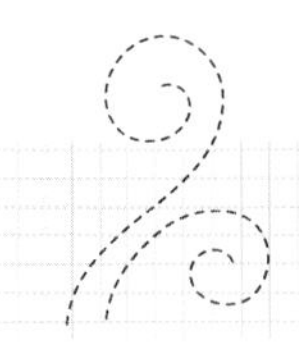

原料

牛奶……300毫升　玉米淀粉……15克
蛋黄……2个　蓝莓酱……100克
淡奶油……300毫升　白糖……150克

做法

1 往锅中倒入玉米淀粉，加入牛奶，开小火，用搅拌器搅拌均匀。

2 用温度计测温，煮至80℃后关火，倒入白糖，搅拌均匀，制成奶浆。

3 往玻璃碗中倒入蛋黄，用搅拌器打成蛋液。

4 待奶浆温度降至50℃，倒入蛋液中，搅拌均匀。

5 倒入淡奶油，搅拌均匀，制成浆汁。

6 往玻璃碗中加入蓝莓酱，倒入浆汁，搅拌均匀，制成冰淇淋浆。

7 将冰淇淋浆倒入保鲜盒，封上保鲜膜，放入冰箱冷冻5小时至成形。

8 取出冻好的冰淇淋，撕去保鲜膜，将冰淇淋挖成球状，装入碟中即可。

榴莲冰淇淋

原料

牛奶	300毫升	玉米淀粉	15克
蛋黄	2个	榴莲肉	200克
淡奶油	300毫升	白糖	150克

做法

1 往玻璃碗中倒入榴莲肉，用电动搅拌器打成泥状，待用。

2 往锅中倒入玉米淀粉，加入牛奶，开小火，用搅拌器搅拌均匀。

3 用温度计测温，煮至80℃后关火，倒入白糖，搅拌均匀，制成奶浆。

4 往玻璃碗中倒入蛋黄，用搅拌器打成蛋液。

5 待奶浆温度降至50℃，倒入蛋液中，搅拌均匀。

6 再倒入淡奶油、榴莲泥，搅匀，制成冰淇淋浆。

7 将冰淇淋浆倒入保鲜盒，封上保鲜膜，放入冰箱冷冻5小时至成形。

8 取出冻好的冰淇淋，撕去保鲜膜，将冰淇淋挖成球状，装入碗中即可。

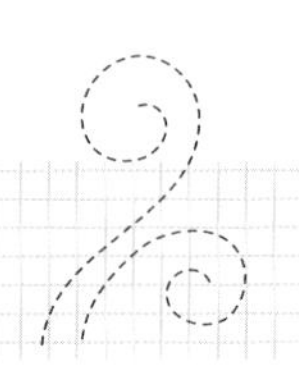

山楂蓝莓冰淇淋

原料

蓝莓……200克
牛奶……200毫升
蛋黄……2个
淡奶油……180毫升
山楂果酱……适量
白糖……80克

做法

1 将蛋黄、白糖、牛奶倒入奶锅，边加热边搅拌至微微沸腾，离火，倒入淡奶油，拌匀。

2 将洗净的蓝莓装入保鲜袋里，擀压成浆，用筛网过滤。

3 待煮过的混合液彻底冷却后，将新鲜蓝莓酱倒入，搅打均匀，装入容器中。

4 放入冰箱冷冻，每隔2小时取出，搅拌均匀，重复3～4次。

5 取出冷冻好的冰淇淋，挖成球形，装入盘中，淋上山楂果酱，装饰上蓝莓即可。

椰香榴莲冰淇淋

原料

牛奶……200毫升

榴莲……160克

淡奶油……130克

蛋黄……2个

椰奶……适量

巧克力针……适量

白糖……50克

做法

1 榴莲取果肉，放入保鲜袋中，压碎，备用。

2 将蛋黄加入白糖拌至白糖溶化，加入牛奶，用小火边搅边煮，快要煮开的时候，离火。

3 放入淡奶油，搅拌均匀，再加入碾碎的榴莲糊、椰奶搅拌均匀。

4 放入冰箱冷冻，每隔2小时取出来搅拌1次，重复操作3～4次。

5 取出冻好的冰淇淋，挖成球，放入容器中，撒上巧克力针即可。

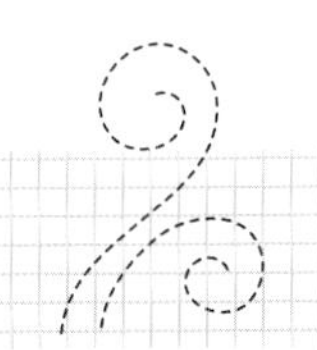

树莓冰淇淋杯

原料

蛋黄……2个
树莓……100克
淡奶油……250毫升
树莓酱……适量
白糖……50克
糖粉……适量

做法

1 将蛋黄加入30克白糖、20毫升水，搅拌均匀，一起隔水加热到85℃，边加热边搅拌。

2 将淡奶油中加入20克白糖打到八成发。

3 将70克树莓洗净，搅碎，过滤，放入蛋黄液中拌匀。

4 分两次将打发的淡奶油加到蛋黄糊中拌均匀。

5 放入冰箱冷冻，每隔2小时取出搅打，重复3~4次，最后一次搅拌后倒入杯中至7分满。

6 取出冻好的冰淇淋，倒入一层树莓酱，放入适量树莓，最后筛上糖粉即可。

草莓酸奶冰淇淋

原料

- 草莓……165克
- 树莓……50克
- 淡奶油……150毫升
- 原味酸奶……100毫升
- 白糖……50克

做法

1 将草莓（留几颗做装饰）、白糖、树莓一起放入搅拌机中，搅打至绵软。

2 用筛网过滤，留出果酱，加酸奶拌匀。

3 将淡奶油打发，加入到拌好的果酱中，拌匀。

4 放入容器中，然后入冰箱冷冻，每隔2小时取出搅拌，重复操作3～4次。

5 取出冻好的冰淇淋，挖成球，放入杯中。

6 剩余草莓对半切开，摆入杯中即可。

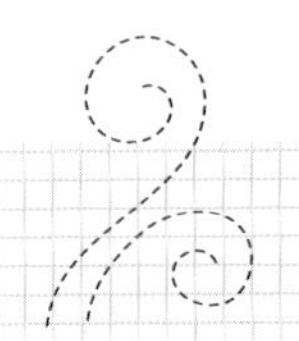

浆果冰淇淋

原料

蓝莓……80克
树莓……80克
桑葚……80克
淡奶油……200毫升
原味酸奶……200毫升
白糖……70克

做法

1 将蓝莓、树莓、桑葚分别洗净，备用。

2 留少许蓝莓、树莓、桑葚做装饰，剩余的与白糖一起放入搅拌机中，搅打至绵软。

3 用筛网过滤，留出果酱，加酸奶拌匀。

4 将淡奶油打发，加入到拌好的果酱中，拌匀。

5 放入容器中，再放入冰箱冷冻，每隔2小时取出搅拌，重复操作3～4次。

6 取出冻好的冰淇淋，挖成球，放入碗中，再摆入蓝莓、树莓、桑葚即可。

双色蛋奶冰淇淋

原料

草莓……150克
蓝莓……50克
牛奶……100毫升
蛋黄……2个
淡奶油……180毫升
白糖……70克

做法

1 将蛋黄加白糖搅打匀；淡奶油打至七成发。

2 牛奶煮至微开，倒入蛋液中，边倒边搅拌，拌匀后再加热至浓稠，关火冷却。

3 留几个草莓、蓝莓待用；剩余草莓洗净去蒂，放入搅拌机中，打成泥；蓝莓切碎。

4 将蛋奶糊加淡奶油拌匀，分成两份，分别放入草莓果泥、蓝莓碎拌匀。

5 放入冰箱冷冻，每隔2小时取出搅拌一次，反复操作3～4次，取出后挖成球形，装入盘中，再装饰上草莓和蓝莓即可。

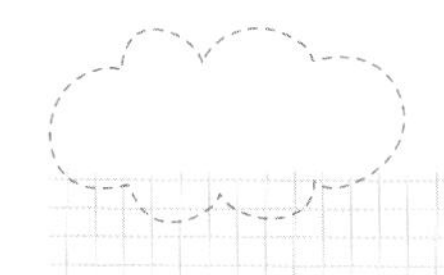

西瓜冰淇淋

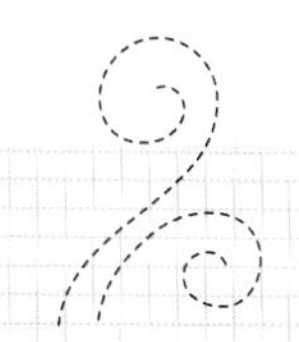

原料

牛奶……………300毫升
蛋黄……………2个
淡奶油……………300毫升
西瓜汁……………350毫升
玉米淀粉……………15克
白糖……………150克

做法

1 往锅中倒入玉米淀粉，加入牛奶，开小火，用搅拌器搅拌均匀。

2 用温度计测温，煮至80℃后关火，倒入白糖，搅拌均匀，制成奶浆。

3 往玻璃碗中倒入蛋黄，用搅拌器打成蛋液。

4 待奶浆温度降至50℃，倒入蛋液中，搅拌均匀。

5 再倒入淡奶油、西瓜汁，用电动搅拌器打匀，制成冰淇淋浆。

6 将冰淇淋浆倒入保鲜盒，封上保鲜膜，放入冰箱冷冻5小时至成形。

7 取出冻好的冰淇淋，撕去保鲜膜，用挖球器将冰淇淋挖成球状。

8 将冰淇淋球装入碟中即可。

青苹果冰淇淋

牛奶……300毫升
蛋黄……2个
淡奶油……300毫升
玉米淀粉……15克
青苹果汁……200毫升
白糖……150克

做法

1 往锅中倒入玉米淀粉，加入牛奶，开小火，用搅拌器搅拌均匀。

2 用温度计测温，煮至80℃后关火，倒入白糖，搅拌均匀，制成奶浆。

3 往玻璃碗中倒入蛋黄，用搅拌器打成蛋液。

4 待奶浆温度降至50℃，倒入蛋液中，搅拌均匀。

5 再倒入淡奶油、青苹果汁，用电动搅拌器打匀，制成冰淇淋浆。

6 将冰淇淋浆倒入保鲜盒，封上保鲜膜，放入冰箱冷冻5小时至成形。

7 取出冻好的冰淇淋，撕去保鲜膜，用挖球器将冰淇淋挖成球状。

8 将冰淇淋球装入容器中即可。

木瓜冰淇淋

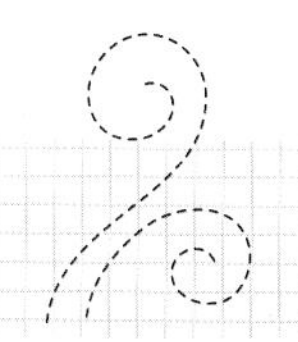

原料

牛奶	300毫升	木瓜泥	300克
蛋黄	2个	玉米淀粉	15克
淡奶油	300毫升	白糖	150克

做法

1 往锅中倒入玉米淀粉，加入牛奶，开小火，用搅拌器搅拌均匀。

2 用温度计测温，煮至80℃后关火，倒入白糖，搅拌均匀，制成奶浆。

3 往玻璃碗中倒入蛋黄，用搅拌器打成蛋液。

4 待奶浆温度降至50℃，倒入蛋液中，搅拌均匀。

5 倒入淡奶油，搅拌均匀，制成浆汁。

6 倒入木瓜泥，用电动搅拌器打匀，制成冰淇淋浆。

7 将冰淇淋浆倒入保鲜盒，封上保鲜膜，放入冰箱冷冻5小时至成形。

8 取出冻好的冰淇淋，撕去保鲜膜，将冰淇淋挖成球状，装入容器中即可。

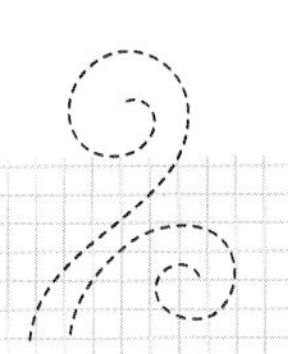

甜杏冰淇淋

原料

杏子……230克
橙汁……15毫升
淡奶油……150毫升
柠檬汁……15毫升
白糖……85克
糖浆……10克

做法

1 杏子洗净，去皮、核，取果肉。

2 往锅中放入适量纯净水、白糖、糖浆，熬至糖溶化，用筛网过滤后放凉。

3 将杏肉、橙汁、柠檬汁和熬好的糖浆一起放入搅拌机中，搅打均匀。

4 将淡奶油打至六成发，放入搅拌好的材料中，搅拌均匀。

5 放入冰箱冷冻，每隔2小时取出搅拌，重复操作3~4次。取出冰淇淋，挖成球，放入碗中即可。

美国派冰淇淋

原料

牛奶……225毫升
蛋黄……3个
淡奶油……120毫升
脆皮筒……1个
芒果酱……适量
树莓酱……适量
白糖……50克

做法

1 将牛奶倒入奶锅，搅拌加热至微微沸腾，离火。

2 将蛋黄加白糖打发，倒入温热牛奶中，拌匀。

3 将淡奶油打发，倒入到蛋奶糊中，搅拌均匀，再分为两份，一份加入芒果酱，搅拌均匀，分别装入容器中。

4 放入冰箱冷冻，每隔2小时取出搅拌一次，重复操作3～4次，取出后挖成球，分层叠加到脆皮筒中，淋上树莓酱即可。

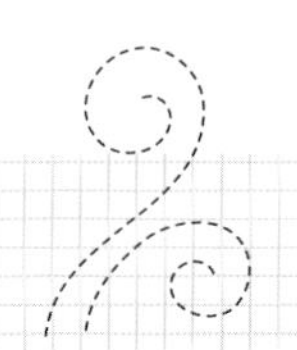

 红醋栗冰淇淋

原料

蛋黄……3个
淡奶油……150毫升
红醋栗酱……适量
白糖……70克

做法

1 将蛋黄加40克白糖打至奶白色。

2 淡奶油用小火煮至锅边起泡，关火，倒入打发的蛋黄，拌匀，再用小火加热至浓稠。

3 放凉后分三份，两份放入红醋栗酱拌匀。

4 放入冰箱，冷冻2小时，取出拌匀，重复操作3~4次，最后一次搅拌后，按红醋栗冰淇淋、原味冰淇淋、红醋栗冰淇淋的方式间隔地放入同一容器中，冻凝固。

5 取出冻好的冰淇淋，挖出，放入碗中，用水果装饰即可。

芒果棉花糖冰淇淋

原料

牛奶……………………250毫升
芒果……………………90克
淡奶油…………………90毫升
棉花糖…………………90克
糖果……………………适量
白糖……………………适量

做法

1 取2/3的芒果肉，放入搅拌机中，打成果泥，剩余的芒果切成小丁。

2 往牛奶中放入淡奶油、白糖，搅拌均匀，然后加入棉花糖，搅拌匀，制成糖奶液。

3 将糖奶液加热，搅拌至棉花糖溶化，关火。

4 放入芒果泥和芒果丁，充分拌匀。

5 放入冰箱冷冻，每隔2小时取出搅拌1次，重复操作3～4次。

6 取出后挖成球，放入碗中，装饰上糖果即可。

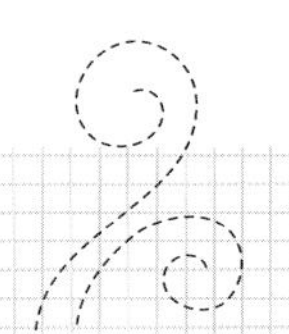

双色冰淇淋

原料

牛奶……250毫升
蛋黄……3个
草莓粉……15克
芒果汁……40毫升
淡奶油……150毫升
草莓……适量
树莓……适量
白糖……60克

做法

1 往锅中放牛奶、淡奶油，煮至锅边出现小泡，制成奶油糊。

2 将蛋黄和白糖放入碗中，用搅拌器将其搅拌成淡黄色。

3 将奶油糊放入蛋黄糊中，搅打加热至85℃。

4 用筛网过滤，隔冰水冷却至5℃，分成两份。

5 分别放入草莓粉、芒果汁，搅拌均匀。

6 装入容器中，放入冰箱冷冻2小时，取出拌匀，继续冷冻，重复操作3～4次。

7 取出两种冰淇淋，分别挖成两个球，放入盘中，放入树莓、草莓装饰即可。

桑葚冰淇淋

原料

牛奶……300毫升
淡奶油……200毫升
桑葚……适量
桑葚果酱……90克
白糖……30克

做法

1 将白糖加入牛奶中搅拌均匀至完全溶化。

2 将淡奶油隔冰块打至七成发。

3 将牛奶分三次倒入淡奶油中，一边倒一边搅拌至混合均匀。

4 放入桑葚果酱，搅拌均匀，放入冰箱冷冻。

5 每隔2小时拿出来充分搅拌一下，重复操作4次，取出后挖成球，装盘，再装饰上桑葚即可。

猕猴桃冰淇淋

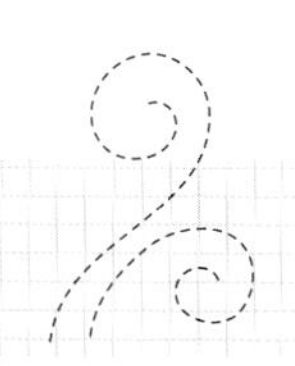

原料

牛奶	300毫升	猕猴桃酱	200克
蛋黄	2个	玉米淀粉	15克
淡奶油	300毫升	白糖	150克

做法

1 往锅中倒入玉米淀粉，加入牛奶，开小火，用搅拌器搅拌均匀。

2 用温度计测温，煮至80℃后关火，倒入白糖，搅拌均匀，制成奶浆。

3 往玻璃碗中倒入蛋黄，用搅拌器打成蛋液。

4 待奶浆温度降至50℃，倒入蛋液中，搅拌均匀。

5 再倒入淡奶油、猕猴桃酱，用电动搅拌器打匀，制成冰淇淋浆。

6 将冰淇淋浆倒入保鲜盒，封上保鲜膜，放入冰箱冷冻5小时至成形。

7 取出冻好的冰淇淋，撕去保鲜膜，用挖球器将冰淇淋挖成球状。

8 将冰淇淋球装入容器中即可。

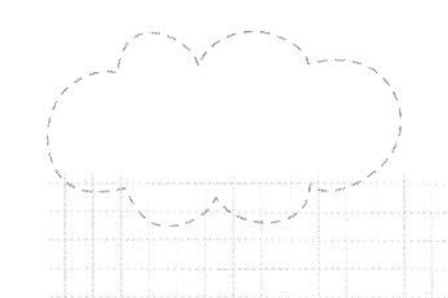

石榴冰淇淋

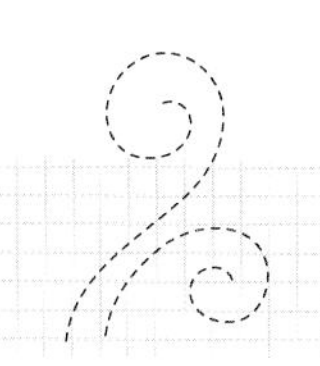

原料

牛奶	300毫升	石榴汁	100毫升
蛋黄	2个	玉米淀粉	15克
淡奶油	300毫升	白糖	150克

做法

1 往锅中倒入玉米淀粉，加入牛奶，开小火，用搅拌器搅拌均匀。

2 用温度计测温，煮至80℃后关火，倒入白糖，搅拌均匀，制成奶浆。

3 往玻璃碗中倒入蛋黄，用搅拌器打成蛋液。

4 待奶浆温度降至50℃，倒入蛋液中，搅拌均匀。

5 再倒入淡奶油、石榴汁，用电动搅拌器打匀，制成冰淇淋浆。

6 将冰淇淋浆倒入保鲜盒，封上保鲜膜，放入冰箱冷冻5小时至成形。

7 取出冻好的冰淇淋，撕去保鲜膜，用挖球器将冰淇淋挖成球状。

8 将冰淇淋球装入碟中即可。

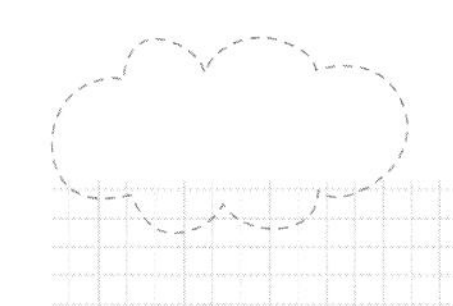

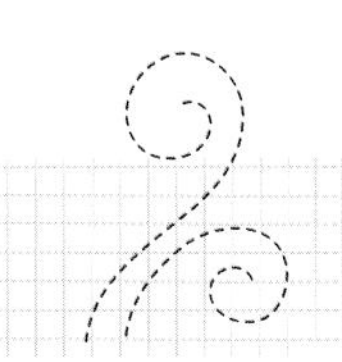

柿子冰淇淋

原料

牛奶	300毫升	柿子泥	300克
蛋黄	2个	玉米淀粉	15克
淡奶油	300毫升	白糖	150克

做法

1 往锅中倒入玉米淀粉，加入牛奶，开小火，用搅拌器搅拌均匀。

2 用温度计测温，煮至80℃后关火，倒入白糖，搅拌均匀，制成奶浆。

3 往玻璃碗中倒入蛋黄，用搅拌器打成蛋液。

4 待奶浆温度降至50℃，倒入蛋液中，搅拌均匀。

5 倒入淡奶油，倒入柿子泥，用电动搅拌器打匀，制成冰淇淋浆。

6 将冰淇淋浆倒入保鲜盒，封上保鲜膜，放入冰箱冷冻5小时至成形。

7 取出冻好的冰淇淋，撕去保鲜膜。

8 用挖球器将冰淇淋挖成球状，将冰淇淋球装入容器中即可。

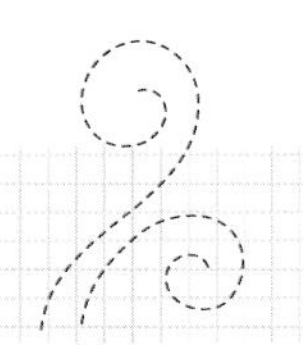

浆果酸奶冰淇淋

原料

草莓……120克
淡奶油……100毫升
覆盆子……120克
固体酸奶……100克
白糖……60克

做法

1 将草莓、覆盆子均洗净，放入搅拌机中，加入白糖，搅打至绵软。

2 用筛网过滤，制成果酱，装入大碗中。

3 将淡奶油打发至七成发，放入果酱中，拌匀。

4 加入固体酸奶，搅拌均匀，装入密封容器。

5 放入冰箱冷冻，每隔2小时取出冰淇淋，用叉子搅拌，重复操作3～4次，至冰淇淋变硬。

6 取出冻好的冰淇淋，用挖球器挖冰淇淋球，放入碗中即可。

无花果肉桂冰淇淋

原料

牛奶……………………300毫升
蛋黄……………………3个
淡奶油……………………150毫升
无花果……………………适量
肉桂……………………适量
白糖……………………40克

做法

1 无花果去皮，取果肉，切成小块；牛奶、淡奶油、肉桂放入锅中煮至微开，捞出肉桂，制成奶油糊。

2 将蛋黄和白糖放入碗中，搅拌成淡黄色。

3 将奶油糊放入蛋黄糊中，拌匀加热至85℃。

4 用筛网过滤，隔冰水冷却至5℃，放入无花果块，搅拌均匀。

5 放入冰箱冷冻，每隔2小时取出搅拌，重复操作3～4次，取出后挖成球，装入碗中，摆上肉[illegible]。

樱桃酸奶冰淇淋

原料

樱桃……150克
淡奶油……150毫升
原味酸奶……100毫升
柠檬汁……20毫升
白糖……50克

做法

1 樱桃洗净，去核，切成小块，备用。

2 将樱桃（留2颗做装饰）、白糖一起放入搅拌机中，打成果酱。

3 往樱桃果酱中加酸奶拌匀。

4 将淡奶油打发，加入到拌好的果酱中，拌匀。

5 放入容器中，移入冰箱冷冻室，每隔2小时取出搅拌，重复操作3～4次。

6 取出冻好的冰淇淋，挖成球，放入碗中，摆上樱桃装饰即可。

石榴蛋卷冰淇淋

原料

牛奶……120毫升
蛋黄……2个
淡奶油……120毫升
石榴汁……80毫升
巧克力蛋卷棒……适量
白糖……50克

做法

1 往蛋黄中加入白糖，搅拌至呈浅黄色。

2 将牛奶和淡奶油放入锅中，煮至锅边出现细小的泡，制成奶油糊。

3 将温热的奶油糊倒入蛋黄中，拌匀后加热至85℃，并边加热边搅拌，再隔冰水冷却至5℃，加入石榴汁，拌匀。

4 放入冰箱冷冻，每隔2小时取出搅拌，重复操作3～4次，至冰淇淋变硬即可。

5 取出冻好的石榴冰淇淋，挖成冰淇淋球，放入杯子中，装饰上巧克力蛋卷棒即可。

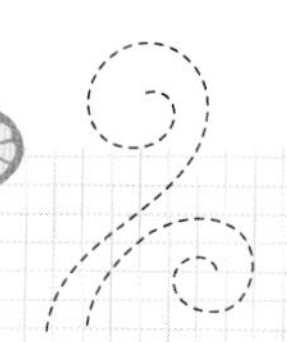

猕猴桃果酱冰淇淋

原料

牛奶……190毫升
蛋黄……2个
淡奶油……200毫升
猕猴桃果酱……适量
白糖……60克

做法

1 将蛋黄中加牛奶、白糖，拌均匀。

2 用小火隔水将蛋黄液慢慢加热，不停搅拌至浓稠，但是不要煮开，再隔冷水冷却。

3 加入猕猴桃果酱，搅拌均匀。

4 将淡奶油稍稍打发，放入蛋黄液中，拌匀。

5 用保鲜膜封好，入冰箱冷冻，每隔2小时取出，用勺子翻搅一下，重复操作3～4次。

6 将冻好的冰淇淋用挖球器挖成球即可。

李子冰淇淋

原料

李子……150克
牛奶……150毫升
淡奶油……250毫升
白糖……50克

做法

1 李子洗净切开，去皮、核，将果肉倒入搅拌机中，再倒入牛奶，打成果泥，备用。

2 往淡奶油中加入白糖，打发至可流动状态，制成奶油糊。

3 将果泥倒入奶油糊中，搅拌均匀。

4 装入保鲜盒中，然后放入冰箱冷冻室冷冻。

5 每隔2小时取出搅拌1次，重复此过程3～4次，取出后挖成球，装入碗中即可。

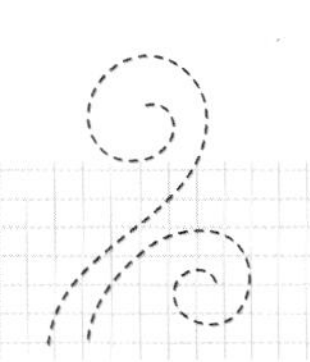

提子冰淇淋

原料

牛奶	300毫升	提子酱	300克
蛋黄	2个	玉米淀粉	15克
淡奶油	300毫升	白糖	150克

做法

1 往锅中倒入玉米淀粉，加入牛奶，开小火，用搅拌器搅拌均匀。

2 用温度计测温，煮至80℃后关火，倒入白糖，搅拌均匀，制成奶浆。

3 往玻璃碗中倒入蛋黄，用搅拌器打成蛋液。

4 待奶浆温度降至50℃，倒入蛋液中，搅拌均匀。

5 倒入淡奶油、提子酱，用电动搅拌器打匀，制成冰淇淋浆。

6 将冰淇淋浆倒入保鲜盒，封上保鲜膜，放入冰箱冷冻5小时至成形。

7 取出冻好的冰淇淋，撕去保鲜膜，用挖球器将冰淇淋挖成球状。

8 将冰淇淋球装入碗中即可。

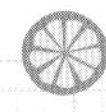

甜橘冰淇淋

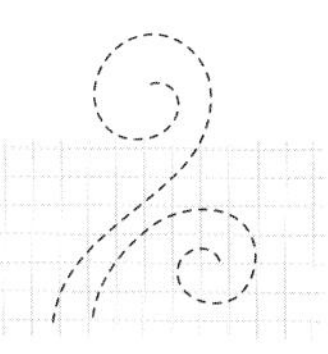

原料

牛奶……300毫升　　玉米淀粉……15克

淡奶油……300毫升　　橘子泥……300克

蛋黄……2个　　白糖……150克

做法

1 往锅中倒入玉米淀粉，加入牛奶，开小火，用搅拌器搅拌均匀。

2 用温度计测温，煮至80℃后关火，倒入白糖，搅拌均匀，制成奶浆。

3 往玻璃碗中倒入蛋黄，用搅拌器打成蛋液。

4 待奶浆温度降至50℃，倒入蛋液中，搅拌均匀。

5 倒入淡奶油、橘子泥，用电动搅拌器打匀，制成冰淇淋浆。

6 将冰淇淋浆倒入保鲜盒，封上保鲜膜，放入冰箱冷冻5小时至成形。

7 取出冻好的冰淇淋，撕去保鲜膜。

8 用挖球器将冰淇淋挖成球状，将冰淇淋球装入碟中即可。

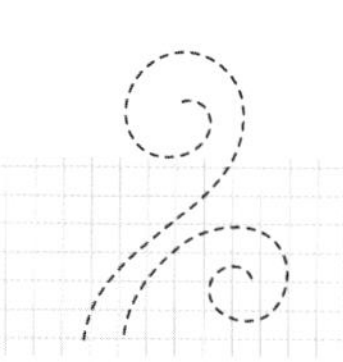

雪梨冰淇淋

牛奶……………………300毫升　　雪梨泥……………………300克

蛋黄………………………………2个　　玉米淀粉………………15克

淡奶油……………………300毫升　　白糖……………………………150克

做法

1 往锅中倒入玉米淀粉，加入牛奶，开小火，用搅拌器搅拌均匀。

2 用温度计测温，煮至80℃后关火，倒入备好的白糖，搅拌均匀，制成奶浆，待用。

3 往玻璃碗中倒入蛋黄，用搅拌器打成蛋液，备用。

4 待奶浆温度降至50℃，倒入蛋液中，搅拌均匀。

5 倒入淡奶油、雪梨泥，用电动搅拌器打匀，制成冰淇淋浆。

6 将冰淇淋浆倒入保鲜盒，封上保鲜膜，放入冰箱冷冻5小时至成形。

7 取出冻好的冰淇淋，撕去保鲜膜，用挖球器将冰淇淋挖成球状。

8 将冰淇淋球装入碗中即可。

香橙冰淇淋

原料

淡奶油……200克
牛奶……250毫升
蛋黄……2个
橙汁……适量
香橙块……适量
白糖……50克

做法

1 往锅中放入牛奶、淡奶油、橙汁，煮至锅边出现细小的泡，制成橙汁奶油糊。

2 将蛋黄和白糖放入碗中，用搅拌器将其搅拌至呈淡黄色。

3 将橙汁奶油糊放入蛋黄糊中，拌匀，加热至85℃，再用筛网过滤，隔冰水冷却至5℃。

4 放入冰箱冷冻，每隔2小时取出搅拌，重复操作3～4次，至冰淇淋变硬即可。

5 取出冻好的冰淇淋，挖成球，放入盘中，摆上香橙块即可。

菠萝冰淇淋船

原料

菠萝……………………半个
牛奶……………………100毫升
蛋黄……………………3个
淡奶油…………………120毫升
草莓……………………适量
蓝莓……………………适量
桑葚……………………适量
白糖……………………70克

做法

1 将菠萝肉挖出，少许菠萝肉切成条。

2 将剩余菠萝肉切块，放入搅拌机中搅拌成泥，再用筛网过滤，制成菠萝汁。

3 将蛋黄放入白糖，搅拌至呈浅黄色。

4 将牛奶、淡奶油放入锅中煮至浓稠，成奶油糊。

5 将奶油糊倒入蛋黄中，拌匀后加热至85℃，再隔冰水冷却至5℃，加菠萝汁拌匀。

6 放入冰箱冷冻，每隔2小时取出搅拌1次，重复操作3～4次，取出后挖球，放入菠萝壳中，装饰上菠萝和草莓、蓝莓、桑葚即可。

草莓香草冰淇淋

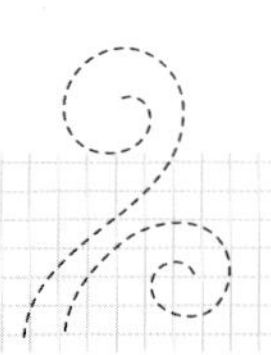

原料

淡奶油……160克
牛奶……150毫升
蛋黄……2个
香草粉……适量
草莓……适量
草莓果酱……适量
白糖……50克

做法

1 将牛奶、淡奶油放入锅中煮至微开，制成奶油糊。

2 将蛋黄和白糖放入碗中，搅拌成淡黄色。

3 将温热的奶油糊放入蛋黄糊中，搅拌均匀，加热至85℃。

4 用筛网过滤，隔冰水冷却至5℃，再放入香草粉和草莓果酱，搅拌均匀。

5 放入冰箱冷冻，每隔2小时取出搅拌，重复操作3～4次，至冰淇淋变硬。

6 取出冻好的冰淇淋，挖成球，放入碗中，摆上草莓装饰即可。

芒果巧克力冰淇淋

原料

牛奶……………………190毫升
蛋黄……………………2个
淡奶油…………………200毫升
芒果汁…………………70毫升
巧克力碎………………50克
肉桂……………………适量
圣女果…………………适量
白糖……………………50克

做法

1 将牛奶、淡奶油放入锅中煮至锅边出现小泡，制成奶油糊。

2 将蛋黄和白糖放入碗中，搅拌成淡黄色。

3 将温热的奶油糊放入蛋黄糊中，搅打加热至85℃。

4 用筛网过滤，隔冰水冷却至5℃，分成两份，分别放入芒果汁、巧克力碎，搅拌均匀。

5 装入容器中，放入冰箱冷冻2小时，取出拌匀，继续冷冻，重复操作3～4次。

6 [illegible]种冰淇淋，分别挖成球，放入杯中，[illegible]肉桂、圣女果装饰即可。

山楂蛋奶冰淇淋

原料

牛奶……150克

蛋黄……2个

淡奶油……150毫升

橙子……半个

山楂酱……适量

白糖……90克

做法

1 往牛奶中放入蛋黄、白糖，搅拌均匀。

2 放入奶锅，边搅拌边加热，直到85℃，制成牛奶糊。

3 将淡奶油打到七成发，放入牛奶糊中，搅匀。

4 取三分之一冰淇淋液，放入山楂酱，拌匀。

5 放到冰箱冷冻室，2小时后取出搅拌，重复操作3～4次。最后一次搅拌后，按照原味冰淇淋、山楂冰淇淋、原味冰淇淋的顺序，倒入同一容器中，压实，再用挖球器挖成圆球，摆在橙子上面即可。

樱桃冰淇淋

原料

蛋黄……2个
樱桃……100克
牛奶……200毫升
淡奶油……200毫升
白糖……60克

做法

1 将蛋黄、白糖、牛奶倒入奶锅中，开小火加热，边加热边搅拌，至微微沸腾，离火。

2 将淡奶油打至七成发，加入到降至室温的蛋奶液中，搅拌成奶糊。

3 将樱桃洗净，去蒂，放入搅拌机搅打成泥。

4 将樱桃泥倒入奶糊中拌匀，放入冰箱冷冻，每隔2小时取出搅打匀，重复操作3～4次。

5 取出后挖取冰淇淋球，放入碗中即可。

鲜莓柠檬冰淇淋

原料

牛奶……300毫升	淡奶油……300毫升	白糖……150克
酸奶……150毫升	蓝莓汁……100毫升	玉米淀粉……15克
蛋黄……2个	柠檬汁……20毫升	

做法

1 往锅中倒入玉米淀粉，加入牛奶，开小火，用搅拌器搅拌均匀。

2 用温度计测温，煮至80℃后关火，加入白糖，搅拌均匀。

3 待奶浆温度降至50℃，将蛋黄倒入锅中，搅拌均匀，制成浆汁。

4 将浆汁倒入玻璃碗中，加入淡奶油，用搅拌器拌匀。

5 加入酸奶，倒入蓝莓汁。

6 再放入柠檬汁，搅打均匀，制成冰淇淋浆。

7 将冰淇淋浆倒入保鲜盒，封上保鲜膜，放入冰箱冷冻5小时至成形。

8 取出冻好的冰淇淋，撕去保鲜膜，将冰淇淋挖成球状，装入碟中即可。

 草莓香蕉冰淇淋 

牛奶…………300毫升

蛋黄…………2个

淡奶油…………300毫升

香蕉泥…………200克

草莓酱…………100克

玉米淀粉…………15克

白糖…………150克

做法

1 往锅中倒入玉米淀粉，加入牛奶，开小火，用搅拌器搅拌均匀。

2 用温度计测温，煮至80℃后关火，倒入白糖，搅拌均匀，制成奶浆。

3 往玻璃碗中倒入蛋黄，用搅拌器打成蛋液，备用。

4 待奶浆温度降至50℃，倒入蛋液中，搅拌均匀。

5 倒入淡奶油、香蕉泥、草莓酱，搅拌均匀，制成冰淇淋浆。

6 将冰淇淋浆倒入保鲜盒，封上保鲜膜，放入冰箱冷冻5小时至成形。

7 取出冻好的冰淇淋，撕去保鲜膜，用挖球器将冰淇淋挖成球状。

8 将冰淇淋球装入碟中即可。

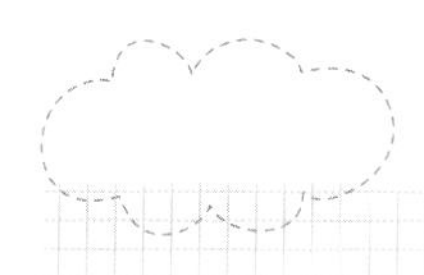

双莓柠檬冰淇淋

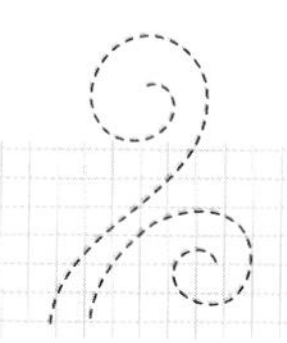

原料

牛奶……300毫升
蛋黄……2个
淡奶油……300毫升
柠檬汁……30毫升
草莓酱……120克
蓝莓酱……120克
白糖……150克
玉米淀粉……15克

做法

1 往锅中倒入玉米淀粉，加入牛奶，开小火，用搅拌器搅拌均匀。

2 用温度计测温，煮至80℃后关火，倒入白糖，搅拌均匀，制成奶浆。

3 往玻璃碗中倒入蛋黄，用搅拌器打成蛋液，备用。

4 待奶浆温度降至50℃，倒入蛋液中，搅拌均匀。

5 倒入淡奶油搅拌均匀，再加入草莓酱、蓝莓酱、柠檬汁，拌匀。

6 倒入保鲜盒中，封上保鲜膜，放入冰箱冷冻5小时至成形。

7 取出冻好的冰淇淋，撕去保鲜膜，用挖球器将冰淇淋挖成球状。

8 将冰淇淋球装入碟中即可。

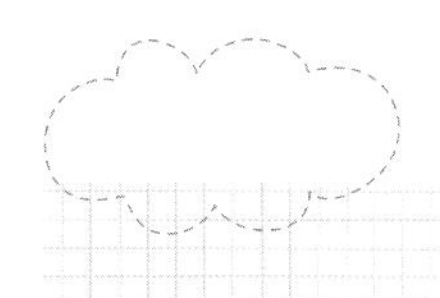

果粒冰淇淋

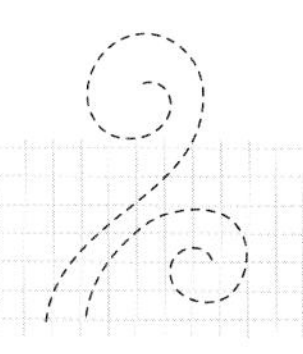

蛋黄……2个	玉米淀粉……15克	白糖……150克
牛奶……300毫升	葡萄柚果泥……适量	
淡奶油……300毫升	什锦水果粒……200克	

做法

1 将玉米淀粉倒入锅中，加入牛奶，开小火，用搅拌器边搅边煮。

2 用温度计测温，煮至80℃后关火，加入白糖，搅拌均匀，制成奶浆。

3 取一玻璃碗，倒入奶浆，加入淡奶油，搅拌均匀。

4 待奶浆温度降至50℃，倒入蛋黄、葡萄柚果泥，搅匀，制成冰淇淋浆。

5 将冰淇淋浆倒入保鲜盒，封上保鲜膜，放入冰箱冷冻5小时至成形。

6 取出冻好的冰淇淋，撕去保鲜膜。

7 用挖球器将冰淇淋挖成球状，装入洗净的杯中。

8 放上什锦水果粒即可。

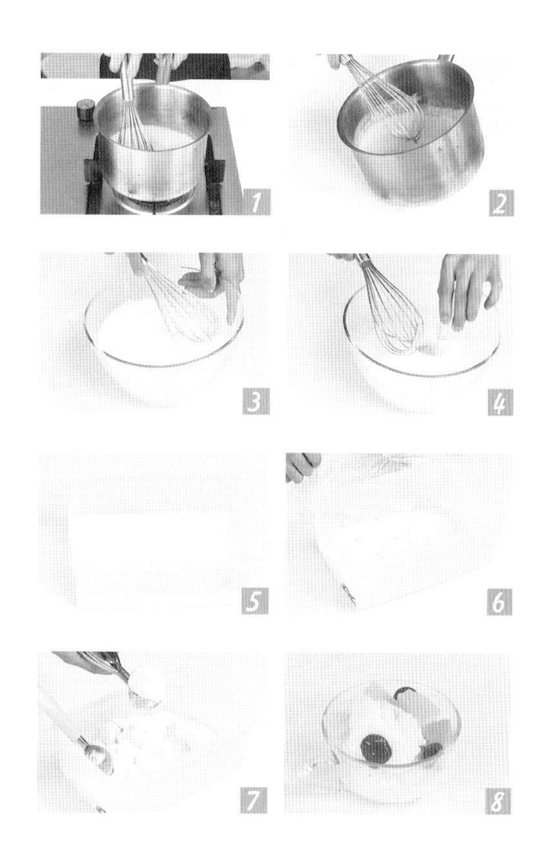

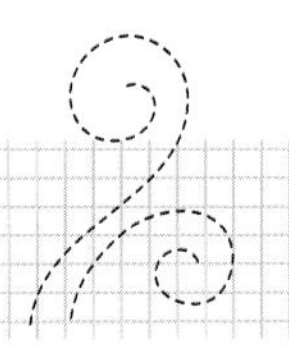

草莓椰奶冰淇淋

原料

草莓……250克
椰奶……200毫升
蛋黄……3个
淡奶油……150毫升
柠檬汁……适量
白糖……100克
蜂蜜……适量

做法

1 草莓洗净去蒂，取一个，切片待用，其余草莓切成丁，部分放入榨汁机中打成果汁。

2 锅中加入椰奶、白糖，煮至微开，离火。

3 蛋黄打散，倒入糖水中，打匀，冷却。

4 淡奶油打至七成发，加草莓汁、蛋黄液、柠檬汁、蜂蜜拌匀。

5 倒入容器中，放入冰箱冷冻，每隔2小时取出搅拌一次，重复3～4次，最后一次搅拌时加入剩余的草莓丁，拌匀，放入冰箱冷冻即可。

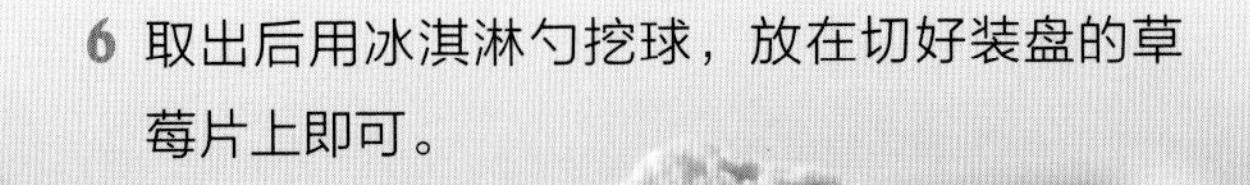

6 取出后用冰淇淋勺挖球，放在切好装盘的草莓片上即可。

黑莓山楂冰淇淋

原料

黑莓……120克
牛奶……100毫升
蛋黄……2个
山楂果酱……90克
淡奶油……200克
白糖……70克

做法

1 往蛋黄中加入白糖，打发至浓稠发白。

2 将牛奶加热，慢慢倒入蛋黄糊中，拌匀后置于小火上，边加热边搅拌至浓稠，冷却。

3 将洗净去蒂的黑莓倒入搅拌机中，加少许牛奶，搅打成泥。

4 将果泥倒入冷却好的蛋奶糊中，再倒入山楂果酱、打发的淡奶油，拌匀成冰淇淋浆。

5 放入冰箱冷冻，每隔2小时取出搅拌均匀，重复操作3～4次，取出后挖球，装碗即可。

圣女果冰淇淋

原料

甜筒……2个
牛奶……250毫升
蛋黄……3个
淡奶油……150毫升
圣女果……200克
草莓酱……100克
白糖……50克

做法

1 将圣女果洗净去皮，切碎，放入搅拌机中打成酱汁，煮沸待用。

2 往蛋黄中加入25克白糖，打发至淡黄色。

3 将牛奶倒入锅中，加热至微开，离火，倒入到蛋黄液中，拌匀后再加热至浓稠，隔冷水降温，加入圣女果汁、草莓酱拌匀，制成蛋奶糊。

4 往淡奶油中加白糖打至六成发，倒入蛋奶糊中，搅打均匀，再放入冰箱冷冻，每隔2小时取出搅拌1次，重复操作3～4次，取出，盛入甜筒中即可。

巧克力酱香蕉冰淇淋

原料

香蕉……1根
蛋黄……2个
奶粉……25克
鲜奶……250毫升
淡奶油……100毫升
格子松饼……1块
巧克力酱……适量
白糖……50克

做法

1 将蛋黄、奶粉、鲜奶和白糖放入奶锅中，打至蛋奶液发白。

2 边加热边搅拌至浓稠，离火，降温。

3 香蕉去皮，放入搅拌机中搅打成泥。

4 将淡奶油打发，与香蕉泥一同放入蛋奶液中，搅打均匀。

5 盛入保鲜盒，放入冰箱冷冻，每隔2小时取出搅拌，反复操作3～4次。

6 取出后，挖出冰淇淋装入碗中，淋上巧克力酱，插上格子松饼即可。

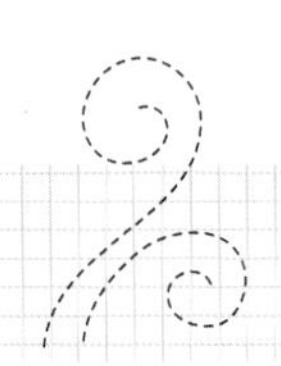

多味冰淇淋

原料

牛奶……200毫升
芒果……250克
蛋黄……3个
淡奶油……200毫升
树莓……适量
可可粉……适量
白糖……70克

做法

1 往蛋黄中加入牛奶和35克白糖，搅打均匀，再隔水加热，搅拌至黏稠，晾凉，成蛋黄糊。

2 芒果去皮、核，用搅拌机打成泥。

3 将淡奶油加35克白糖打至七成发，分次加入蛋黄糊混匀，成原味冰淇淋液。

4 将原味冰淇淋液（留少许）加芒果泥拌匀。

5 放入冰箱冷冻，每隔2小时搅拌1次，重复操作3～4次，取出后挖成球，放入碗中。

6 浇上原味冰淇淋液，冻凝固后撒上适量的可可粉，放上树莓装饰即可。

Part 4

从心感受自然的纯、真、善——

绿色健康冰淇淋

现今提倡健康饮食，冰淇淋虽然深得大众喜爱，但其在不少人心中尤其是女士心中，总是认为其不够健康，然而很多人仍旧抵挡不了诱惑，于是便在美味和健康之间展开了拉锯战。

本章将介绍一些原料自然健康、对身体有好处的冰淇淋，使女士们可以毫无顾忌地享受冰淇淋所带来的自然健康味道。

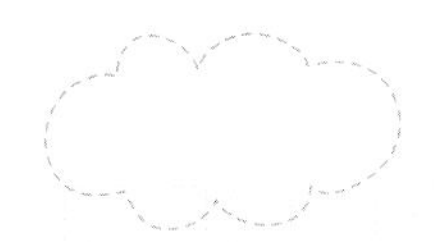

豆浆酸奶冰淇淋

原料

牛奶……300毫升
蛋黄……2个
淡奶油……300毫升
酸奶……150毫升
玉米淀粉……15克
豆浆……150毫升
白糖……150克

做法

1 往锅中倒入玉米淀粉，加入牛奶，开小火，用搅拌器搅拌均匀。

2 用温度计测温，煮至80℃后关火，倒入白糖，搅拌均匀，制成奶浆。

3 往玻璃碗中倒入蛋黄，用搅拌器打成蛋液，备用。

4 待奶浆温度降至50℃，倒入蛋液中，搅拌均匀。

5 倒入淡奶油，搅拌均匀，制成浆汁，待用。

6 另一玻璃碗中倒入酸奶、豆浆、浆汁，打发均匀，制成冰淇淋浆。

7 将冰淇淋浆倒入保鲜盒，封上保鲜膜，放入冰箱冷冻5小时至成形。

8 取出冻好的冰淇淋，撕去保鲜膜，将冰淇淋挖成球状，装入碟中即可。

Rêve
Rêve

西红柿冰淇淋

原料

牛奶	300毫升	玉米淀粉	15克
蛋黄	2个	西红柿酱	300克
淡奶油	300毫升	白糖	150克

做法

1 往锅中倒入玉米淀粉，加入牛奶，开小火，用搅拌器搅拌均匀。

2 用温度计测温，煮至80℃后关火，倒入白糖，搅拌均匀，制成奶浆。

3 往玻璃碗中倒入蛋黄，用搅拌器打成蛋液，备用。

4 待奶浆温度降至50℃，倒入蛋液中，搅拌均匀。

5 倒入淡奶油、西红柿酱，用电动搅拌器打匀，制成冰淇淋浆。

6 将冰淇淋浆倒入保鲜盒，封上保鲜膜，放入冰箱冷冻5小时至成形。

7 取出冻好的冰淇淋，撕去保鲜膜，用挖球器将冰淇淋挖成球状。

8 将冰淇淋球装入雪糕纸杯中即可。

紫薯冰淇淋

原料

牛奶	300毫升	玉米淀粉	15克
蛋黄	2个	熟紫薯泥	100克
淡奶油	300毫升	白糖	150克

做法

1 往锅中倒入玉米淀粉，加入牛奶，开小火，用搅拌器搅拌均匀。

2 用温度计测温，煮至80℃后关火，倒入白糖，搅拌均匀，制成奶浆。

3 往玻璃碗中倒入蛋黄，用搅拌器打成蛋液。

4 待奶浆温度降至50℃，倒入蛋液中，搅拌均匀。

5 倒入淡奶油、熟紫薯泥，用电动搅拌器搅拌均匀，制成冰淇淋浆。

6 将冰淇淋浆倒入保鲜盒，封上保鲜膜，放入冰箱冷冻5小时至成形。

7 取出冻好的冰淇淋，撕去保鲜膜，用挖球器将冰淇淋挖成球状。

8 将冰淇淋球装入盘中即可。

蜂蜜核桃冰淇淋

原料

牛奶……160毫升
蛋黄……2个
核桃碎……50克
淡奶油……160毫升
格子松饼……2块
夏威夷果……适量
白糖……40克
蜂蜜……30克

做法

1 往蛋黄中加入白糖，用电动搅拌器搅拌均匀。

2 将核桃碎、牛奶和淡奶油放入锅中，煮至锅边出现小泡，制成核桃奶油糊。

3 将奶油糊倒入蛋黄液中，加蜂蜜拌匀后倒入锅中，边加热边搅拌，至温度达到85℃，关火，再用筛网过滤，隔冰水冷却至5℃。

4 放入冰箱冰冻，每隔2小时取出搅拌，此操作重复3～4次，至冰淇淋变硬。

5 取出冻好的冰淇淋，用挖球器挖成球，放入杯中，放上格子松饼和夏威夷果即可。

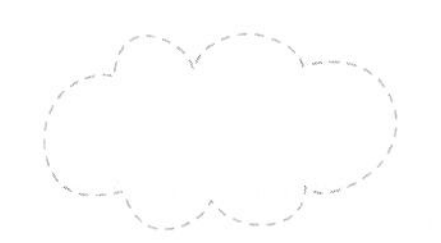

核桃杏仁冰淇淋

原料

蛋黄……4个

牛奶……200毫升

淡奶油……200毫升

烤熟的杏仁……100克

烤熟的核桃仁……60克

白糖……60克

做法

1 将杏仁、核桃仁、白糖放入搅拌机，打成粉。

2 往奶锅中倒入牛奶，加热至40℃，关火，倒入打散的蛋黄，搅拌均匀，继续开小火，边加热边搅拌，至微微黏稠时关火。

3 将杏仁核桃粉倒入奶糊中，搅拌均匀，再隔冰水冷却。

4 将淡奶油打发，加入杏仁核桃奶糊中，以切拌的方式拌匀。

5 倒入容器中，放入冰箱冷冻室冷冻，每隔2小时取出搅拌1次，重复3～4次，取出后挖球，放入碟中，再摆上杏仁、核桃即可。

清爽黄瓜冰淇淋

原料

黄瓜……200克
牛奶……250毫升
蛋黄……2个
淡奶油……200毫升
可可粉……适量
白糖……90克

做法

1 将蛋黄、白糖装入大碗中，搅拌均匀。

2 将牛奶倒入奶锅中，边加热边搅拌，至牛奶液微微沸腾，关火放凉。

3 放入蛋黄混合液、淡奶油，搅拌均匀。

4 将黄瓜洗净，放入搅拌机搅打成浆，过滤。

5 将黄瓜浆倒入拌好的混合液中，搅拌均匀，成冰淇淋液。

6 将冰淇淋液装入保鲜盒，放入冰箱冷冻，每隔2小时，取出搅打均匀，重复操作3~4次。

7 取出后用挖球器挖成球状，放入盘中，撒上可可粉装饰即可。

杏仁五谷冰淇淋

原料

牛奶……150毫升
蛋黄……2个
淡奶油……200克
玉米淀粉……5克
五谷粉……30克
杏仁……适量
白糖……60克

做法

1 将部分杏仁去皮，磨碎；蛋黄中加入白糖，用打蛋器打至浓稠。

2 将牛奶倒入奶锅，煮至锅边出现细小的泡沫，放入玉米淀粉，搅拌匀。

3 再入步骤1中的蛋黄混合物，调匀，煮至呈稀糊状关火，晾凉。

4 淡奶油打至七分发，放入步骤3中拌匀，分为两份，分别放入五谷粉、杏仁碎，拌匀。

5 放入冰箱冷冻，每隔2小时，取出搅拌，如此反复3次，最后一次搅拌前，将两份冰淇淋混合，拌匀，冻好后挖成球，放盘中，再撒上杏仁装饰即可。

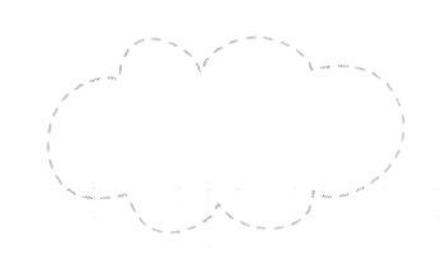

豆腐冰淇淋

原料

牛奶……………………300毫升
蛋黄……………………2个
淡奶油…………………300毫升
豆浆……………………200毫升
豆腐泥…………………300克
玉米淀粉………………15克
白糖……………………150克

做法

1 往锅中倒入玉米淀粉，加入牛奶，开小火，用搅拌器搅拌均匀。

2 用温度计测温，煮至80℃后关火，倒入白糖，搅拌均匀，制成奶浆。

3 往玻璃碗中倒入蛋黄，用搅拌器打成蛋液，备用。

4 待奶浆温度降至50℃，倒入蛋液中，搅拌匀。

5 倒入淡奶油，搅拌均匀，制成浆汁。

6 另一玻璃碗中倒入豆腐泥、豆浆、浆汁，拌匀，制成冰淇淋浆。

7 将冰淇淋浆倒入保鲜盒，封上保鲜膜，放入冰箱冷冻5小时至成形。

8 取出冻好的冰淇淋，撕去保鲜膜，将冰淇淋挖成球状，装入碟中即可。

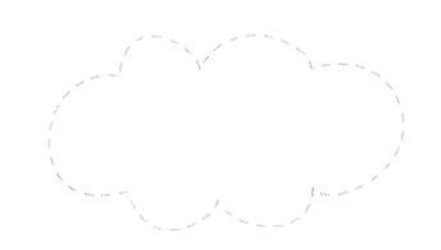

红枣冰淇淋

原料

牛奶……300毫升	红枣泥……300克	白糖……150克
蛋黄……2个	香草粉……20克	
淡奶油……300毫升	玉米淀粉……15克	

做法

1 往锅中倒入玉米淀粉，加入牛奶，开小火，用搅拌器搅拌均匀。

2 用温度计测温，煮至80℃后关火，倒入白糖，搅拌均匀，制成奶浆。

3 往玻璃碗中倒入蛋黄，用搅拌器打成蛋液，备用。

4 待奶浆温度降至50℃，倒入蛋液中，搅拌均匀。

5 倒入淡奶油，搅拌均匀，制成浆汁。

6 倒入红枣泥，加入香草粉，用电动搅拌器打匀，制成冰淇淋浆。

7 将冰淇淋浆倒入保鲜盒，封上保鲜膜，放入冰箱冷冻5小时至成形。

8 取出冻好的冰淇淋，撕去保鲜膜，将冰淇淋挖成球状，装入碗中即可。

绿豆冰淇淋

原料

牛奶……300毫升	绿豆泥……350克	白糖……150克
蛋黄……2个	柠檬汁……30毫升	
淡奶油……300毫升	玉米淀粉……15克	

做法

1 往锅中倒入玉米淀粉，加入牛奶，开小火，用搅拌器搅拌均匀。

2 用温度计测温，煮至80℃后关火，倒入白糖，搅拌均匀，制成奶浆。

3 往玻璃碗中倒入蛋黄，用搅拌器打成蛋液，备用。

4 待奶浆温度降至50℃，倒入蛋液中，搅拌均匀。

5 倒入淡奶油，搅拌均匀，制成浆汁。

6 倒入绿豆泥，加入柠檬汁，用电动搅拌器拌匀，制成冰淇淋浆。

7 将冰淇淋浆倒入保鲜盒，封上保鲜膜，放入冰箱冷冻5小时至成形。

8 取出冻好的冰淇淋，撕去保鲜膜，将冰淇淋挖成球状，装入碟中即可。

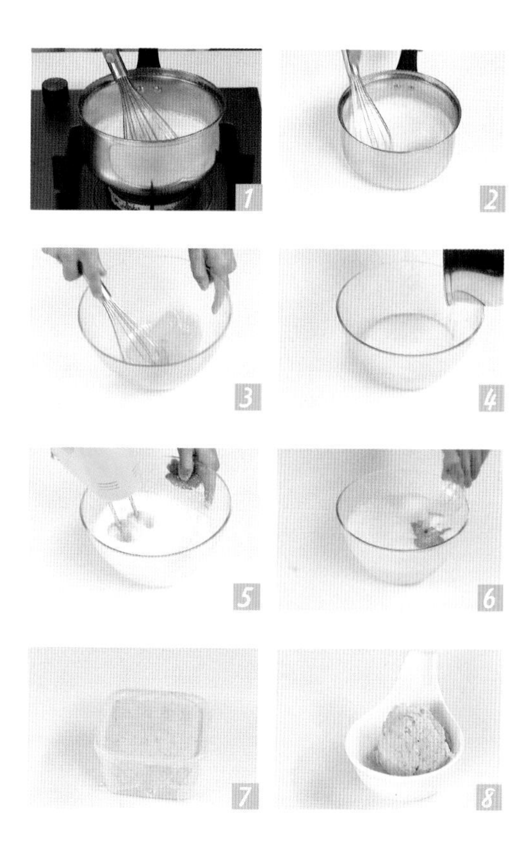

开心果冰淇淋

原料

蛋黄……2个
牛奶……160毫升
淡奶油……150毫升
烘焙专用开心果……100克
白糖……70克

做法

1 将开心果放入搅拌机，打成粉末。

2 往锅中放入牛奶、淡奶油，煮至微开，制成奶油糊。

3 将蛋黄和白糖放入碗中，搅拌成淡黄色。

4 将奶油糊放入蛋黄糊中，拌匀加热至85℃。

5 隔冰水冷却至5℃，放入开心果粉末，拌匀，用筛网过滤。

6 放入冰箱冷冻，每隔2小时取出搅拌，重复操作3～4次，至冰淇淋变硬即可。

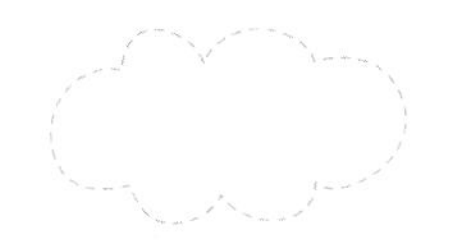

玉米冰淇淋

原料

牛奶……160毫升
蛋黄……2个
淡奶油……150毫升
玉米粒……100克
白糖……90克

做法

1 将玉米粒放入沸水锅中煮熟，再放入搅拌机，打碎。

2 往锅中放入牛奶、淡奶油，煮至锅边出现细小的泡沫，制成奶油糊。

3 往蛋黄中放入白糖，搅拌成淡黄色。

4 将奶油糊放入蛋黄糊中，拌匀加热至85℃。

5 隔冰水冷却至5℃，放入玉米碎，拌匀。

6 放入冰箱冷冻，每隔2小时取出搅拌，重复操作3~4次，至冰淇淋变硬即可。

7 取出冻好的冰淇淋，挖成球，放入碗中即可。

豆奶冰淇淋

原料

淡奶油……250毫升
薄荷叶……适量
原味豆奶……150毫升
白糖……50克

做法

1 往锅中倒入少许水、白糖，加热至白糖完全溶化，放凉。

2 将淡奶油打发至六成发，倒入备好的豆奶，搅拌均匀。

3 再放入放凉的糖水，搅拌均匀。

4 将拌好的冰淇淋液倒入杯中，放入冰箱，冷冻2小时，取出拌匀，重复操作3～4次。

5 取出冻好的冰淇淋，挖成球，放入备好的容器中，摆上薄荷叶装饰即可。

南瓜香草冰淇淋

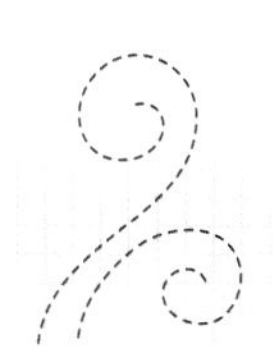

原料

牛奶……200毫升
蛋黄……2个
南瓜……150克
淡奶油……160毫升
香草荚……适量
白糖……90克

做法

1 南瓜去皮，洗净，切块，放入蒸锅，蒸熟后碾成泥，取50毫升牛奶放入南瓜泥中搅拌均匀。

2 往蛋黄中加白糖搅拌均匀，再放入牛奶，搅匀成蛋奶液。

3 将蛋奶液用小火加热，放入香草荚，边加热边搅拌至浓稠，再隔凉水降温，捞出香草荚。

4 淡奶油打发，放入到放凉的蛋奶糊中搅匀。

5 再倒入南瓜泥，充分搅拌均匀。

6 将搅拌好的液体放入冰箱冷冻，每隔2小时取出搅拌1次，重复操作3～4次。

7 取出冰淇淋，挖成球，放入容器中即可。

玫瑰花冰淇淋

原料

牛奶……300毫升	玉米汁……300毫升	白糖……150克
蛋黄……2个	玉米淀粉……15克	蜂蜜……30克
淡奶油……300毫升	玫瑰花瓣……适量	

做法

1 往锅中倒入玉米淀粉，加入牛奶，开小火，用搅拌器搅拌均匀。

2 用温度计测温，煮至80℃后关火，倒入白糖，搅拌均匀，制成奶浆。

3 往玻璃碗中倒入蛋黄，用搅拌器打成蛋液，备用。

4 待奶浆温度降至50℃，倒入蛋液中，搅拌均匀。

5 倒入淡奶油，搅拌均匀，制成浆汁。

6 倒入玉米汁，加入蜂蜜、玫瑰花瓣，搅打均匀，制成冰淇淋浆。

7 将冰淇淋浆倒入保鲜盒，封上保鲜膜，放入冰箱冷冻5小时至成形。

8 取出冻好的冰淇淋，撕去保鲜膜，将冰淇淋挖成球状，装入碗中即可。

山药冰淇淋

原料

牛奶……300毫升	山药泥……300克	白糖……150克
蛋黄……2个	蓝莓酱……30克	
淡奶油……300毫升	玉米淀粉……15克	

做法

1 往锅中倒入玉米淀粉，加入牛奶，开小火，用搅拌器搅拌均匀。

2 用温度计测温，煮至80℃后关火，倒入白糖，搅拌均匀，制成奶浆。

3 往玻璃碗中倒入蛋黄，用搅拌器打成蛋液，备用。

4 待奶浆温度降至50℃，倒入蛋液中，搅拌均匀。

5 倒入淡奶油，搅拌均匀，制成浆汁。

6 倒入山药泥，加入蓝莓酱，用电动搅拌器打匀，制成冰淇淋浆。

7 将冰淇淋浆倒入保鲜盒，封上保鲜膜，放入冰箱冷冻5小时至成形。

8 取出冻好的冰淇淋，撕去保鲜膜，将冰淇淋挖成球状，装入碟中即可。

香蕉燕麦冰淇淋

原料

牛奶……300毫升	燕麦……100克	白糖……150克
蛋黄……2个	香蕉泥……200克	蜂蜜……20克
淡奶油……300毫升	玉米淀粉……15克	

做法

1 往锅中倒入玉米淀粉，加入牛奶，开小火，用搅拌器搅拌均匀。

2 用温度计测温，煮至80℃后关火，倒入白糖，搅拌均匀，制成奶浆。

3 往玻璃碗中倒入蛋黄，用搅拌器打成蛋液，备用。

4 待奶浆温度降至50℃，倒入蛋液中，搅拌均匀。

5 倒入淡奶油，搅拌均匀，制成浆汁。

6 倒入香蕉泥、燕麦、蜂蜜，用电动搅拌器打匀，制成冰淇淋浆。

7 将冰淇淋浆倒入保鲜盒，封上保鲜膜，放入冰箱冷冻5小时至成形。

8 取出冻好的冰淇淋，撕去保鲜膜，将冰淇淋挖成球状，装入碟中即可。

薄荷果碎冰淇淋

原料

牛奶……250毫升
蛋黄……3个
淡奶油……125毫升
薄荷叶……80克
开心果碎……适量
白糖……60克

做法

1 往蛋黄中加入白糖，打发至呈浅黄色。

2 将牛奶、薄荷叶一起倒入奶锅，以小火加热至微开后关火，放凉。

3 将牛奶薄荷液放入搅拌机中搅拌均匀，过滤后重新倒回锅中，加热至即将沸腾，再慢慢倒入蛋黄液中，搅拌至混合匀，使其冷却。

4 将淡奶油打至六成发，倒入蛋黄奶糊中，再放入开心果碎，拌匀。

5 放入冰箱冷冻，每隔2小时取出搅拌1次，如此反复操作3~4次。

6 取出后用挖球器挖成球，放入碗中即可。

黑芝麻香梨冰淇淋

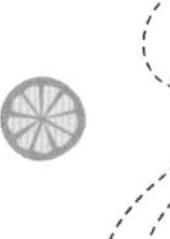

原料

梨……100克
牛奶……150毫升
红酒炖梨……1个
淡奶油……200毫升
熟黑芝麻……适量
夏威夷果碎……适量
白糖……50克
蜂蜜……适量

做法

1 梨洗净切开，去皮、核，将果肉倒入搅拌机中，再倒入牛奶，打成果泥，备用。

2 黑芝麻捣碎，备用。

3 将淡奶油加白糖打发至可以流动状，制成奶油糊。

4 将果泥、黑芝麻倒入奶油糊中，搅拌均匀。

5 再装入保鲜盒中，放入冰箱冷冻室冷冻。

6 每隔2小时取出搅拌1次，重复操作3～4次。

7 将红酒梨放入盘中，取出冷冻好的冰淇淋，挖成球，放入盘中，撒上夏威夷果碎，淋上蜂蜜即可。

腰果冰淇淋

原料

牛奶……180毫升
蛋黄……2个
腰果……100克
淡奶油……180毫升
白糖……60克

做法

1 将蛋黄、白糖、牛奶倒入奶锅中，用小火加热并不断搅拌，至冒小泡后关火。

2 待煮过的混合物彻底冷却后，将淡奶油倒入，并搅打均匀。

3 腰果装入保鲜袋，压碎，倒入冰淇淋液中，搅拌均匀。

4 装入容器中，放入冰箱冷冻2小时，取出拌匀，继续冷冻，重复操作3~4次。

5 取出后，挖成球，放入碗中，摆入腰果装饰即可。

葡萄干苹果冰淇淋

原料

蛋黄……2个

牛奶……180毫升

淡奶油……150克

葡萄干……适量

苹果……适量

白糖……50克

蜂蜜……适量

做法

1 苹果去皮，洗净，切块，入烤箱烤黄，葡萄干加蜂蜜稍煮，捞出。

2 将牛奶、淡奶油、部分葡萄干放入锅中，煮至锅边出现小泡，制成奶油糊。

3 将蛋黄和白糖放入碗中，拌至呈浅黄色。

4 将奶油糊加蛋黄，搅匀加热至85℃，再隔冰水冷却至5℃。

5 放入容器中，入冰箱冷冻，每隔2小时取出搅拌，重复操作3~4次，至冰淇淋变硬。

6 取出冻好的冰淇淋，挖成球，放入备好的容器中，摆上烤熟的苹果、葡萄干即可。

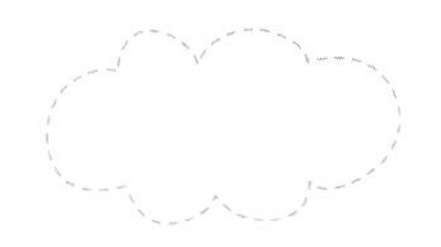

薄荷冰淇淋

原料

牛奶	300毫升	薄荷汁	200毫升
蛋黄	2个	玉米淀粉	15克
淡奶油	300毫升	白糖	150克

做法

1 往锅中倒入玉米淀粉，加入牛奶，开小火，用搅拌器搅拌均匀。

2 用温度计测温，煮至80℃后关火，倒入白糖，搅拌均匀，制成奶浆。

3 往玻璃碗中倒入蛋黄，用搅拌器打成蛋液，备用。

4 待奶浆温度降至50℃，倒入蛋液中，搅拌均匀。

5 倒入淡奶油、薄荷汁，用电动搅拌器打匀，制成冰淇淋浆。

6 将冰淇淋浆倒入保鲜盒，封上保鲜膜，放入冰箱冷冻5小时至成形。

7 取出冻好的冰淇淋，撕去保鲜膜，用挖球器将冰淇淋挖成球状。

8 将冰淇淋球装入碟中即可。

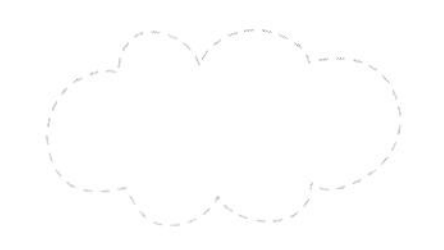

花生冰淇淋

原料

牛奶	300毫升	花生酱	200克
蛋黄	2个	玉米淀粉	15克
淡奶油	300毫升	白糖	150克

做法

1 往锅中倒入玉米淀粉，加入牛奶，开小火，用搅拌器搅拌均匀。

2 用温度计测温，煮至80℃后关火，倒入白糖，搅拌均匀，制成奶浆。

3 往玻璃碗中倒入蛋黄，用搅拌器打成蛋液，备用。

4 待奶浆温度降至50℃，倒入蛋液中，搅拌均匀。

5 倒入淡奶油、花生酱，用电动搅拌器打匀，制成冰淇淋浆。

6 将冰淇淋浆倒入保鲜盒，封上保鲜膜，放入冰箱冷冻5小时至成形。

7 取出冻好的冰淇淋，撕去保鲜膜，用挖球器将冰淇淋挖成球状。

8 将冰淇淋球装入碟中即可。

香浓核桃冰淇淋

原料

牛奶……300毫升	核桃碎……100克	白糖……150克
蛋黄……2个	香蕉泥……100克	
淡奶油……300毫升	玉米淀粉……15克	

做法

1 往锅中倒入玉米淀粉，加入牛奶，开小火，用搅拌器搅拌均匀。

2 用温度计测温，煮至80℃后关火，倒入白糖，搅拌均匀，制成奶浆。

3 往玻璃碗中倒入蛋黄，用搅拌器打成蛋液，备用。

4 待奶浆温度降至50℃，倒入蛋液中，搅拌均匀。

5 倒入淡奶油、香蕉泥、核桃碎，用电动搅拌器打匀，制成冰淇淋浆。

6 将冰淇淋浆倒入保鲜盒，封上保鲜膜，放入冰箱冷冻5小时至成形。

7 取出冻好的冰淇淋，撕去保鲜膜，用挖球器将冰淇淋挖成球状。

8 将冰淇淋球装入纸杯即可。

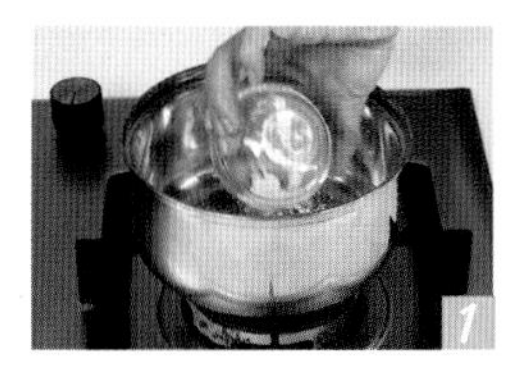

无糖南瓜冰淇淋

原料

牛奶……250毫升
南瓜……200克
粟粉……5克
鱼胶粉……5克
淡奶油……100毫升
可可粉……适量
巧克力液……适量

做法

1 南瓜去皮、瓤，洗净，切成块，放入锅中蒸熟。

2 取出蒸好的南瓜，压成泥。

3 将鱼胶粉中加入少许热水，拌至完全溶解。

4 将牛奶倒入奶锅中，再放入溶解的鱼胶粉，用小火煮至微沸，加入粟粉拌匀。

5 将淡奶油打发，放入南瓜泥拌匀，再加入到冷却后的混合液中，拌匀。

6 放入冰箱冷冻，每隔2小时取出搅拌1次，如此反复操作3次。

7 取出冻好的冰淇淋，用挖球器挖成球，然后淋上巧克力液，在四周撒上可可粉即可。

香蕉豆浆冰淇淋

原料

牛奶	100毫升
豆浆	150毫升
淡奶油	150克
蛋黄	2个
香蕉泥	适量
樱桃	适量
蛋卷	适量
白糖	50克

做法

1 将牛奶和淡奶油放入锅中，煮至锅边出现小泡，制成奶油糊。

2 将蛋黄和白糖放入碗中，拌至呈浅黄色。

3 将奶油糊加蛋黄液、豆浆、香蕉泥，搅拌均匀，倒入锅中，加热至85℃，并边加热边搅拌。

4 将煮好的冰淇淋原液隔冰水冷却至5℃。

5 放入冰箱冷冻，每隔2小时取出搅拌，重复操作3～4次，至冰淇淋变硬。

6 取出冻好的冰淇淋，挖成球，放入蛋卷中，放上樱桃装饰即可。

酸奶紫薯甜筒冰淇淋

原料

紫薯……200克
淡奶油……200毫升
原味酸奶……150毫升
玉米淀粉……适量
冰淇淋底托……3个
白糖……40克

做法

1 将紫薯煮熟，去皮，压成泥，与白糖一起放入搅拌机中，搅打至绵软。

2 加入适量酸奶、玉米淀粉，搅拌匀。

3 将淡奶油打发，加入到拌好的紫薯泥中，搅拌均匀。

4 倒入容器中，放入冰箱冷冻，每隔2小时取出搅拌，重复操作3～4次。

5 取出冻好的冰淇淋，挖成球，放入冰淇淋底托中即可。

花生草莓冰淇淋

原料

牛奶……200克

蛋黄……2个

淡奶油……150毫升

熟花生……150克

黄油……30克

鲜草莓……适量

玉米淀粉……适量

草莓酱……适量

盐……3克

白糖……60克

食用油……[illegible]

做法

1 熟花生去皮，放入搅拌机中，搅拌成泥；黄油加盐、10克白糖打发，再加食用油、花生泥，搅拌均匀，成花生酱。

2 往蛋黄中加入白糖，搅拌呈淡黄色。

3 将牛奶倒入奶锅中，加热，待温后倒入蛋黄混合液中，再加花生酱、玉米淀粉，拌匀，冷却。

4 将淡奶油打至七成发，倒入蛋黄混合液中拌匀。

5 放入冰箱冷冻，每隔2小时取出拌匀，重复操作3～4次；杯中倒入草莓酱，再挖取冰淇淋球，放入杯中，放上切开的草莓即可。

香芋冰淇淋

原料

牛奶	300毫升	玉米淀粉	15克
蛋黄	2个	熟香芋泥	300克
淡奶油	300毫升	白糖	150克

做法

1 往锅中倒入玉米淀粉，加入牛奶，开小火，用搅拌器搅拌均匀。

2 用温度计测温，煮至80℃后关火，倒入白糖，搅拌均匀，制成奶浆。

3 往玻璃碗中倒入蛋黄，用搅拌器打成蛋液，备用。

4 待奶浆温度降至50℃，倒入蛋液中，搅拌均匀。

5 倒入淡奶油、熟香芋泥，用电动搅拌器打匀，制成冰淇淋浆。

6 将冰淇淋浆倒入保鲜盒，封上保鲜膜，放入冰箱冷冻5小时至成形。

7 取出冻好的冰淇淋，撕去保鲜膜，用挖球器将冰淇淋挖成球状。

8 将冰淇淋球装入碟中即可。

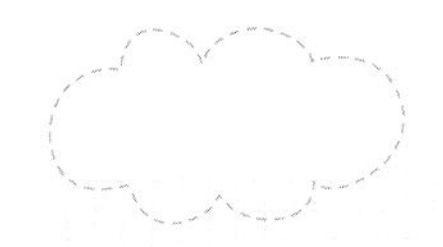

南瓜冰淇淋

原料

牛奶…………300毫升
蛋黄…………2个
淡奶油…………300毫升
玉米淀粉…………15克
熟南瓜泥…………300克
白糖…………150克

做法

1 往锅中倒入玉米淀粉，加入牛奶，开小火，用搅拌器搅拌均匀。

2 用温度计测温，煮至80℃后关火，倒入白糖，搅拌均匀，制成奶浆。

3 往玻璃碗中倒入蛋黄，用搅拌器打成蛋液，备用。

4 待奶浆温度降至50℃，倒入蛋液中，搅拌均匀。

5 倒入淡奶油、南瓜泥，用电动搅拌器打匀，制成冰淇淋浆。

6 将冰淇淋浆倒入保鲜盒，封上保鲜膜，放入冰箱冷冻5小时至成形。

7 取出冷冻好的冰淇淋，撕去保鲜膜，用挖球器将冰淇淋挖成球状。

8 将冰淇淋球装入碟中即可。

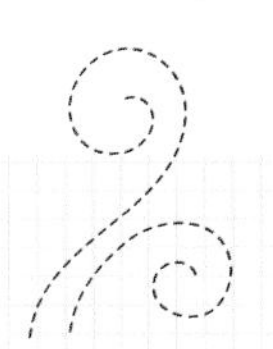

榛子冰淇淋

原料

- 牛奶……200克
- 蛋黄……2个
- 淡奶油……150毫升
- 榛子仁……100克
- 玉米淀粉……适量
- 巧克力酱……适量
- 白糖……50克

做法

1. 往蛋黄中加入白糖，搅拌至呈淡黄色。
2. 将牛奶倒入奶锅中，用小火加热，但不煮沸。
3. 将榛子仁磨碎，放入搅拌匀的蛋黄中，搅拌均匀。
4. 将牛奶倒入蛋黄混合液中，充分搅拌均匀，再加入玉米淀粉，拌匀，使其冷却。
5. 将淡奶油打至六成发，倒入蛋黄混合液，拌匀。
6. 将拌好的冰淇淋液倒入杯中，放入冰箱，冷冻2小时，取出拌匀，重复操作3～4次。
7. 挖取冰淇淋球，摆入榛子仁，淋上巧克力酱装饰即可。

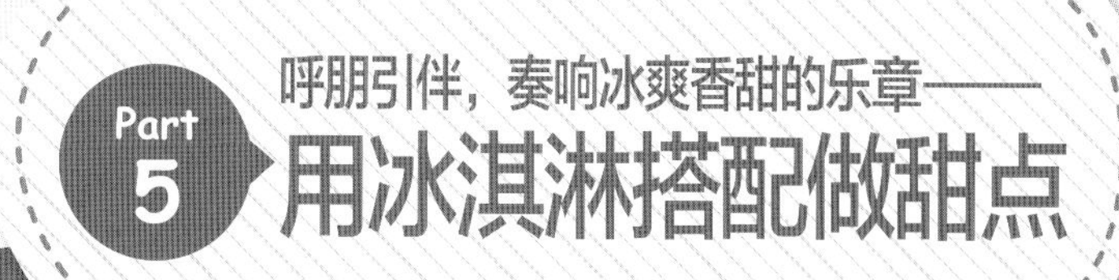

Part 5 呼朋引伴，奏响冰爽香甜的乐章——用冰淇淋搭配做甜点

在冰淇淋花样日益繁多的今天，充满创意奇思的冰淇淋甜点也一个个浓重登场。从冰淇淋三明治、冰淇淋泡芙到冰淇淋饼干……各式冰淇淋甜点开启了创意无限的“花样年代”

如果说咖啡代表的是一种孤独的享受，那么冰淇淋甜点则代表了一种相聚的喜悦。下面，就让我们一起来领略魅力无限的冰淇淋甜点吧！

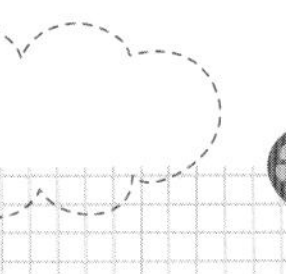
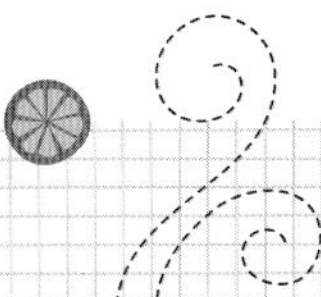

冰淇淋配坚果小蛋糕

原料

牛奶……150毫升
蛋黄……2个
淡奶油……150毫升
黑巧克力……100克
杯子蛋糕……1个
白果碎……适量
肉桂……适量
白糖……40克

做法

1 往锅中放牛奶、淡奶油，煮至锅边出现小泡，制成奶油糊。

2 将蛋黄和白糖放入碗中，搅打均匀，倒入奶油糊中，拌匀后加热至85℃，用筛网过滤。

3 将黑巧克力切碎，取部分巧克力隔热水溶化。

4 将少许巧克力液淋到杯子蛋糕的表面，再撒上白果碎，放入盘中，再放上肉桂。

5 剩余的巧克力液放入过滤好的蛋黄奶油糊中，拌匀，隔冰水冷却，放入巧克力碎，拌匀。

6 放入冰箱冷冻，每隔2小时取出搅拌，重复操作3～4次，取出后挖球状，摆入盘中即可。

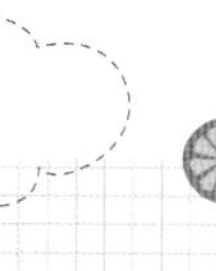

蓝莓冰淇淋配华夫饼

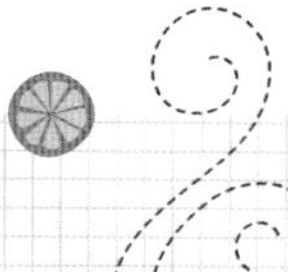

原料

蓝莓……200克
牛奶……200毫升
淡奶油……160毫升
蛋黄……2个
华夫饼……1块
白糖……90克

做法

1 取出华夫饼，放在盘中，备用。

2 将蛋黄、白糖、牛奶倒入奶锅，用小火加热并不断搅拌，直至冒小泡，离火，放凉。

3 倒入淡奶油，搅拌均匀。

4 蓝莓洗净，部分装入保鲜袋，压成浆，再用漏勺去掉蓝莓皮。

5 将新鲜蓝莓浆倒入冷却的混合液中，拌匀。

6 将冰淇淋液放入冰箱冷冻，每隔2小时取出搅拌，重复操作3～4次，至冰淇淋变硬。

7 取出冰淇淋，挖成球，放在华夫饼上，再摆上蓝莓装饰即可。

可可冰淇淋夹心饼

原料

牛奶……160毫升
蛋黄……2个
淡奶油……150毫升
巧克力饼干……7块
可可粉……适量
白糖……50克

做法

1 往锅中放入牛奶、淡奶油，煮至锅边出现细小的泡，制成奶油糊。

2 将蛋黄和白糖放入碗中，搅拌至淡黄色。

3 将奶油糊放入蛋黄糊中，搅拌均匀，再放入可可粉，搅拌匀，加热至85℃。

4 用筛网过滤，隔冰水冷却至5℃。

5 放入冰箱冷冻，每隔2小时取出搅拌，重复操作3~4次，至冰淇淋变硬。

6 取一块巧克力饼干，放上挖成小球的冰淇淋，再盖上另一片巧克力饼干，略微压紧。

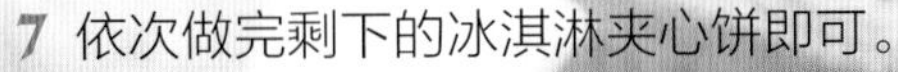

7 依次做完剩下的冰淇淋夹心饼即可。

酸甜冰淇淋蛋糕

原料

淡奶油……150毫升
蛋黄……3个
酸奶……300毫升
柠檬汁……适量
核桃巧克力蛋糕……1块
白糖……40克

做法

1 取出核桃巧克力蛋糕，放入盘中，备用。

2 往蛋黄中放入白糖，打至呈淡黄色。

3 将淡奶油倒入锅中，用小火煮至锅边起泡，关火，慢慢倒入打发的蛋黄中，拌匀。

4 再用小火煮约15分钟，中间要不停搅拌，直至浓稠。

5 放凉后，倒入酸奶、柠檬汁，搅拌匀。

6 倒入碗中，放入冰箱，冷冻2小时，取出拌匀，重复操作3～4次。

7 取出冻好的酸奶冰淇淋，挖成球，放在核桃巧克力蛋糕上即可。

冰淇淋苹果派

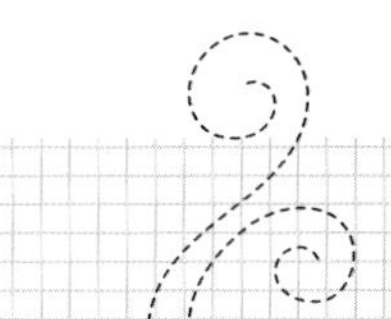

原料

椰奶……150毫升
蛋黄……3个
淡奶油……200毫升
苹果馅饼……1个
烤苹果片……适量
冰淇淋乳化剂……5克
白糖……40克
糖粉……适量

做法

1 将苹果馅饼放入盘中，铺上烤好的苹果片。

2 往碗中放入蛋黄和白糖，用搅拌器搅拌均匀。

3 往锅中倒入椰奶，加热至锅边沸腾后关火，倒入拌好的蛋黄中，搅拌匀，放凉。

4 将混合液中放入冰淇淋乳化剂，搅拌均匀。

5 将淡奶油打至七成发，放入到椰奶蛋黄中，搅拌至呈浓稠状。

6 装入容器中，放入冰箱冷冻，每隔2小时取出搅拌，重复操作3～4次，至冰淇淋变硬。

7 取出冻好的冰淇淋，挖成球状，放在苹果片上，筛上糖粉即可。

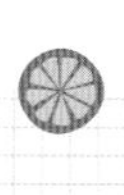

冰淇淋配巧克力煎饼

原料

牛奶……200毫升
蛋黄……2个
淡奶油……150毫升
煎饼……2张
黑巧克力……适量
白糖……60克
糖粉……适量

做法

1 将煎饼折叠成长方形，放入盘中。

2 往锅中放牛奶、淡奶油，煮至锅边出现小泡，制成奶油糊。

3 将蛋黄和白糖放入碗中，搅拌成淡黄色。

4 将奶油糊放入蛋黄糊中，搅打并加热至85℃。

5 用筛网过滤，隔冰水冷却至5℃。

6 装入容器中，放入冰箱冷冻，每隔2小时，取出拌匀，重复操作3～4次。

7 黑巧克力切碎，隔热水溶化成巧克力液。

8 取出冰淇淋，挖成两个球，放在煎饼上，再淋上巧克力液，筛上糖粉即可。

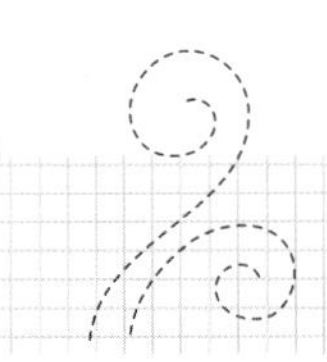

柠檬冰淇淋松饼

原料

牛奶……150毫升
蛋黄……2个
淡奶油……150毫升
香草荚……适量
柠檬汁……适量
棉花糖格子松饼……2块
白糖……40克

做法

1 将棉花糖格子松饼放入盘中，摆好。

2 把牛奶、淡奶油和1/3的香草荚一起放入奶锅中，煮至锅边出现小泡，制成奶油糊。

3 将蛋黄和白糖放入碗中，搅拌成淡黄色。

4 将奶油糊放入蛋黄糊中，拌匀并加热至85℃。

5 用筛网过滤，隔冰水冷却至5℃，放入适量的柠檬汁，拌匀。

6 放入冰箱冷冻，每隔2小时取出搅拌，重复操作3～4次。

7 取出冻好的冰淇淋，挖成球，放入盘中，摆上香草荚做装饰即可。

冰淇淋蛋糕船

原料

牛奶……170毫升
蛋黄……2个
香蕉……1根
淡奶油……250毫升
长方形蛋糕……1块
葡萄……1颗
巧克力酱……适量
白糖……40克

做法

1 将蛋黄加白糖搅拌匀，再倒入牛奶搅拌均匀。

2 将拌好的蛋奶液倒入奶锅中，开小火加热，搅打至蛋液浓稠时关火。

3 淡奶油打发，取大部分与完全冷却的蛋液混合，加入巧克力酱，搅拌均匀。

4 装入保鲜盒中，放入冰箱冷冻，每2小时取出搅拌1次，重复操作3～4次。

5 将蛋糕放入盘中，香蕉去皮，从中间横切开，分为两半，放在蛋糕的表面，围成圈。

6 取出冰淇淋，挖成球，放在香蕉圈中。

7 在香蕉两端接口处和冰淇淋上均挤上打发的淡奶油，再淋上巧克力酱，放上葡萄装饰。

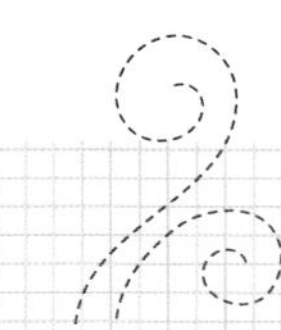

炫彩冰淇淋吐司

原料

牛奶……150毫升
蛋黄……2个
橙汁……适量
淡奶油……200毫升
吐司……1块
猕猴桃片……适量
香橙块……适量
草莓片……适量
红提……适量
白糖……60克

做法

1 将蛋黄加白糖，搅拌均匀。

2 往锅中放入牛奶、橙汁，煮至起泡，倒入蛋黄液中，边加热边搅拌，至温度达85℃，再隔冰水冷却至5℃。

3 将淡奶油打至七成发，取大部分的淡奶油与牛奶蛋黄液混合，搅拌匀。

4 放入冰箱中冷冻，每隔2小时取出拌匀，重复操作3～4次。

5 吐司放入盘中，在吐司边沿挤上一圈打发淡奶油，间隔地插入猕猴桃片、香橙块、草莓片、红提，最后放入挖成球的冰淇淋即可。

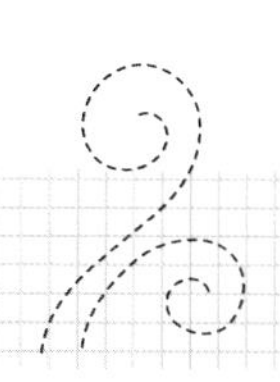

冰淇淋蜂蜜蛋糕

原料

蛋白……3个

淡奶油……250毫升

椰浆粉……25克

海绵蛋糕……1块

白糖……90克

蜂蜜……适量

做法

1 将海绵蛋糕的表面刷上一层蜂蜜，放入烤箱，烤黄后取出，放入盘中。

2 往蛋白中加入白糖和椰浆粉，用电动搅拌器打至白糖完全溶解。

3 将淡奶油打至八成发，加入椰味蛋白液中，翻拌均匀。

4 倒入容器中，放入冰箱冷冻，每隔2小时取出拌匀，重复操作3～4次。

5 取出冻好的冰淇淋，挖成球，放入盘中，淋上适量的蜂蜜即可。

曲奇夹心冰淇淋

原料

曲奇……………………6块
牛奶……………………160毫升
蛋黄……………………2个
淡奶油…………………150毫升
白糖……………………50克

做法

1 往锅中放牛奶、淡奶油，煮至锅边出现小泡，制成奶油糊。

2 在加热奶油糊时，将蛋黄和白糖放入碗中，用搅拌器将其搅拌成淡黄色。

3 将奶油糊放入蛋黄糊中，搅拌均匀，加热至85℃。

4 用筛网过滤，隔冰水冷却至5℃。

5 放入冰箱冷冻，每隔2小时取出搅拌，重复操作3～4次，至冰淇淋变硬。

6 取1块曲奇，放上冻好的冰淇淋，再盖上另一片曲奇，压紧，依次做完剩下的曲奇冰淇淋即可。

芒果冰淇淋配华夫饼

原料

牛奶……200毫升
蛋黄……2个
淡奶油……200毫升
华夫饼……1块
芒果……适量
灯笼果……适量
树莓……适量
白糖……适量
蜂蜜……60克
糖粉……适量

做法

1 芒果洗净，去皮，搅打成泥。

2 牛奶倒入奶锅，加热。

3 往蛋黄中加入白糖，搅拌均匀，再慢慢倒入牛奶，拌匀后放入锅中，边加热边搅拌，至温度达85℃，再隔冰水冷却至5℃。

4 将淡奶油打发后，加入到蛋黄牛奶中，拌匀，再放入芒果泥，拌匀，放入冰箱冷冻，每隔2小时取出搅拌，重复操作3～4次。

5 取出冻好的冰淇淋，挖成球，放在华夫饼上，并用蜂蜜在表面划上线条，用灯笼果、树莓装饰，最后筛入糖粉即可。

华夫饼冰淇淋

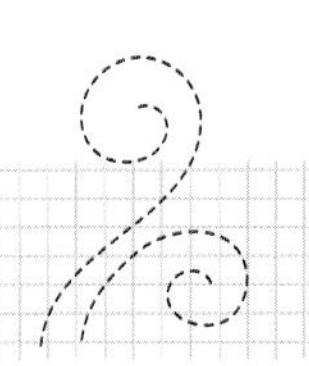

原料

牛奶……150毫升
蛋黄……2个
淡奶油……150毫升
核桃碎……30克
华夫饼……适量
香草荚……适量
白糖……60克

做法

1 将蛋黄和白糖一起放入碗中，用搅拌器搅拌均匀。

2 往锅中放入牛奶、淡奶油，熬煮至起泡。

3 将牛奶淡奶油倒入蛋黄中，边加热，边搅拌，至温度达85℃。

4 用筛网过滤，隔冰水冷却至5℃。

5 放入容器中，再放入冰箱中冷冻1小时，取出后加入核桃碎拌匀，继续冷冻，之后每隔2小时取出搅拌，重复操作2～3次。

6 将华夫饼放入盘中，冰淇淋挖成球，摆在华夫饼上，最后放上香草荚做装饰即可。

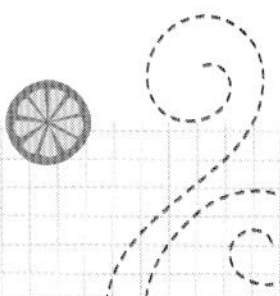

冰淇淋配提拉米苏

原料

牛奶……150毫升
芒果……200克
淡奶油……150毫升
蛋黄……2个
椰奶……适量
椰蓉……适量
草莓……适量
提拉米苏……适量
白糖……60克

做法

1 芒果取果肉，小部分切片，摆入盘，剩余部分放入保鲜袋中，压碎；草莓洗净，对半切开。

2 将蛋黄加入白糖拌至白糖溶化，加入牛奶，用小火边搅边煮，快要煮开的时候离火。

3 放入淡奶油，加入碾碎的芒果糊、椰奶搅拌均匀。

4 放入冰箱冷冻2个小时后取出，搅打2分钟，继续冷冻，重复操作3～4次。

5 取出冻好的冰淇淋，挖成球，放入盘中，再摆入提拉米苏、草莓，筛入椰蓉即可。

冰淇淋三明治

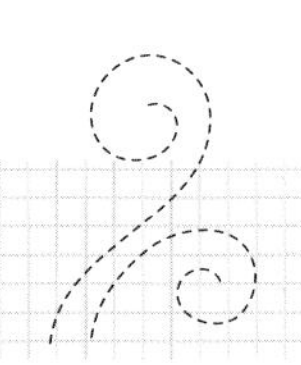

原料

牛奶……150毫升
蛋黄……2个
淡奶油……170毫升
核桃饼干……6块
白糖……50克

做法

1 将牛奶和淡奶油一起放入锅中，煮至锅边冒泡，关火，制成奶油糊。

2 再将蛋黄和白糖放入碗中，搅拌成淡黄色。

3 将奶油糊放入蛋黄糊中，搅拌均匀，加热至85℃。

4 用筛网过滤，隔冰水冷却至5℃。

5 放入冰箱冷冻，每隔2小时取出搅拌，重复操作3～4次。

6 待其稍微软化后，取适量，放到饼干上，再盖上另一块饼干，依此做完即可。

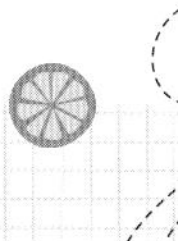

柠檬冰淇淋三明治

原料

淡奶油……150克
酸奶……250毫升
蛋黄……2个
面包……2个
柠檬汁……适量
糖粉……适量
花瓣……适量
白糖……40克

做法

1 将蛋黄加白糖打至奶白色。

2 将淡奶油倒入锅中，用小火煮至锅边起泡，关火，慢慢倒入打发的蛋黄，拌匀。

3 再用小火煮约15分钟，中间要不停搅拌，直至浓稠。

4 放凉后，倒入酸奶、柠檬汁拌匀。

5 分别倒入两个方形容器中，放入冰箱冷冻，每隔2小时，取出拌匀，重复操作3～4次。

6 面包横切开，取出冻好的酸奶柠檬冰淇淋，夹入面包中，再放入盘中，筛上糖粉，撒上花瓣装饰即可。

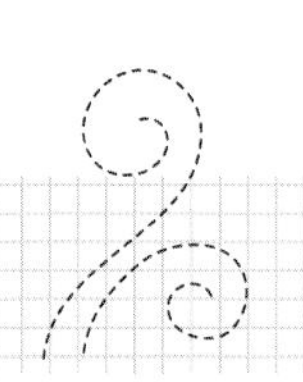

双层冰淇淋

原料

淡奶油……150毫升
牛奶……160毫升
蛋黄……2个
华夫饼……2块
草莓……适量
花生酱……50克
巧克力酱……适量
白糖……50克

做法

1 将牛奶与淡奶油倒入锅中，煮至锅边出现小泡，制成奶油糊。

2 将蛋黄加白糖搅拌成淡黄色。

3 将奶油糊放入蛋黄糊中，搅拌均匀，加热至85℃。

4 用筛网过滤，隔冰水冷却至5℃后分成两份，其中一份加入花生酱拌匀。

5 将两份冰淇淋液一起放入冰箱冷冻，每隔2小时取出搅拌，重复操作3～4次，取出后待其稍微软化。

6 盘中放入华夫饼，依次放上原味冰淇淋、花生酱冰淇淋，摆上草莓，淋上巧克力酱。

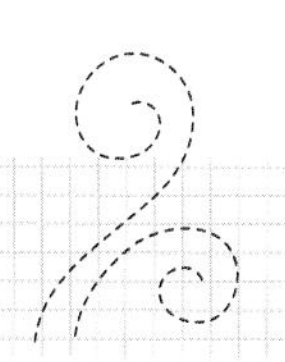

提拉米苏冰淇淋

原料

牛奶……150毫升
淡奶油……160克
蛋黄……2个
面包碎……适量
黑巧克力……适量
巧克力针……适量
白糖……40克

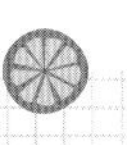

做法

1 将黑巧克力隔热水溶化，倒入杯中，放入冰箱冻凝固。

2 将牛奶、淡奶油倒入锅，煮至锅边出现泡，制成奶油糊。

3 将蛋黄加白糖搅拌呈淡黄色。

4 将奶油糊放入蛋黄糊中，拌匀加热至85℃。

5 用筛网过滤，隔冰水冷却至5℃。

6 将冷却的冰淇淋液中加入面包碎拌匀，倒入另外一个杯中。

7 放入冰箱冷冻，每隔2小时取出搅拌，重复操作3~4次，最后一次搅拌后倒入装有巧克力的杯中，冻凝固后取出，撒上巧克力针。

威化饼草莓冰淇淋

原料

草莓……150克
牛奶……200毫升
蛋黄……2个
西红柿……50克
淡奶油……160克
威化饼……4块
白糖……90克

做法

1 将蛋黄、白糖、牛奶倒入奶锅中，边加热边搅拌，煮至开始冒小泡后关火。

2 将草莓、西红柿洗净，去蒂，放入搅拌机中搅打成细泥。

3 将淡奶油隔冰水打发，再倒入果泥，搅拌均匀后倒入蛋奶液中，搅拌均匀。

4 装入保鲜盒中，放入冰箱冷冻，每隔2小时，取出搅拌均匀，重复操作3～4次。

5 取出，盛在威化饼上面，用刮板刮去多余的边缘，上面再盖上一块威化饼，放入冰箱冷冻半小时即可。

香蕉面包碎冰淇淋

原料

淡奶油……120毫升
牛奶……200毫升
蛋黄……3个
香蕉……1根
面包碎……适量
巧克力碎……少许
白糖……50克
蜂蜜……少许

做法

1 将蛋黄加入白糖，用搅拌器搅打均匀。

2 将牛奶倒入奶锅，边加热边搅拌，至牛奶微开，离火。

3 将牛奶缓慢地倒入蛋液中，边倒边搅拌匀，制成蛋奶糊。

4 将淡奶油隔冰水打发，倒入放凉的蛋奶糊中，搅拌均匀，放入冰箱冷冻，每隔2小时，取出搅打1次，重复操作3～4次。

5 取出，挖出一小部分放入杯底，再装入面包碎，用切好的香蕉片围边，盛入冰淇淋，撒上巧克力碎，淋上蜂蜜，冷冻半小时即可。

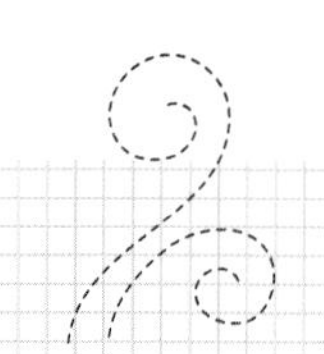

多彩夹心冰淇淋

原料

牛奶……150毫升
蛋黄……2个
淡奶油……150毫升
草莓粉……适量
肉松……适量
樱桃……2颗
白糖……60克

做法

1 将蛋黄和白糖一起放入碗中，搅拌均匀。

2 往锅中放入牛奶、淡奶油，熬煮至起泡。

3 将淡奶油倒入蛋黄中，边加热边搅拌，至温度达85℃。

4 用筛网过滤，隔冰水冷却至5℃后分成两份，其中一份放入草莓粉，搅拌均匀，分别放入冰箱冷冻，每隔2小时，取出拌匀，重复操作3~4次。

5 取玻璃杯，依次铺入肉松、原味冰淇淋、肉松、草莓冰淇淋，摆上樱桃即可。

花生饼干冰淇淋

原料

牛奶……100毫升
蛋黄……2个
淡奶油……180毫升
奶粉……20克
花生碎……适量
玉米淀粉……10克
饼干……1块
白糖……40克

做法

1 往蛋黄中加入白糖，打至呈淡黄色。

2 往牛奶中加奶粉拌匀，倒入奶锅，用小火煮至锅边冒小泡，关火，加玉米淀粉，搅拌匀。

3 隔水加热，搅拌至浓稠，放入冰箱冷藏。

4 淡奶油打发至六成发。

5 取出冷藏过的奶浆，倒入打发好的奶油中，搅拌均匀。

6 倒入容器中，入冰箱冷冻，每2小时取出搅拌一下，反复操作3～4次。

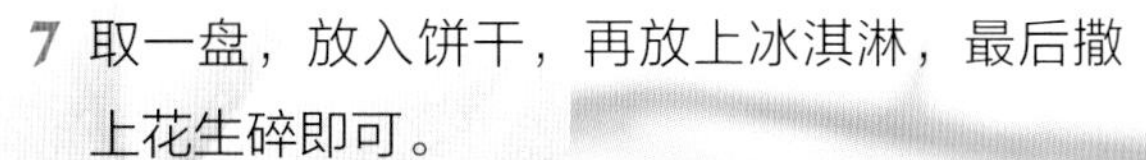

7 取一盘，放入饼干，再放上冰淇淋，最后撒上花生碎即可。

巧克力冰淇淋吐司

原料

蛋黄……2个
酸奶……200毫升
吐司……1个
淡奶油……150毫升
腰果碎……适量
巧克力酱……适量
白糖……40克

做法

1 往蛋黄中放入白糖，用搅拌器打发，再加入酸奶，用小火煮至黏稠。

2 将淡奶油打至六成发，加巧克力酱拌匀，制成奶油糊。

3 将奶油液用小火煮一会儿，放凉后倒入蛋黄液中，拌匀。

4 放入冰箱中冷冻，每隔2小时拿出来搅拌一下，重复3~4次。

5 吐司纵切，切面朝上放入盘中，掏空吐司。

6 将冻好的冰淇淋挖成球，放入掏空的吐司中，再放上腰果碎，淋上巧克力酱即可。

冰淇淋配海绵蛋糕

原料

蛋黄……2个
牛奶……160毫升
淡奶油……150毫升
海绵蛋糕……1块
玉米淀粉……适量
可可粉……适量
巧克力酱……适量
白糖……40克

做法

1 往蛋黄中加入20克白糖打发。

2 往牛奶中加入20克白糖拌匀，隔水加热。

3 将牛奶注入蛋黄液中，搅拌至混合均匀。

4 再隔水加热，不停搅拌，加入少量玉米淀粉，搅拌均匀，冷却。

5 淡奶油打至六成发，倒入牛奶蛋黄中拌匀。

6 放入冰箱冷冻，每隔2小时，取出搅拌，重复3次以上。

7 取一盘，放入海绵蛋糕，再摆上冰淇淋，淋上适量巧克力酱，筛上可可粉即可。

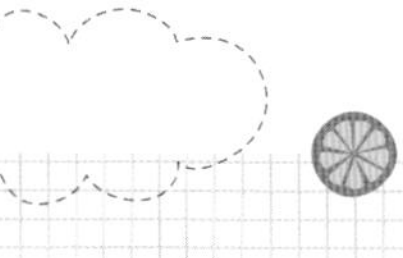

黑醋栗冰淇淋煎饼

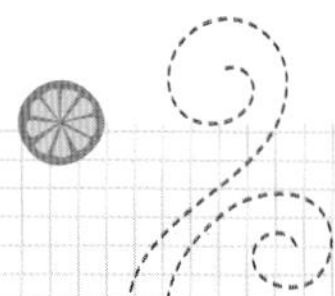

牛奶……200毫升
蛋黄……3个
煎饼……5个
淡奶油……200毫升
黑醋栗果酱……适量
白糖……40克

做法

1 往蛋黄中放入白糖，用搅拌器搅拌均匀，再放入牛奶，搅拌均匀。

2 将搅拌好的混合液放到小锅中，用小火慢慢加热，搅拌至浓稠时，关火放凉。

3 将淡奶油用搅拌器打发，再与完全冷却的蛋液混合，搅拌均匀。

4 放到冰箱冷冻室里，每隔2小时取出搅拌1次，重复操作3～4次，最后一次搅拌时，放入黑醋栗果酱，搅拌匀，冻成形。

5 取一盘，放入煎饼，再将冰淇淋挖成球，放到煎饼上即可。

双色冰淇淋吐司

原料

蛋黄……2个
酸奶……200毫升
淡奶油……150毫升
吐司……1个
巧克力片……适量
巧克力酱……适量
白糖……40克

做法

1 将蛋黄加白糖打发，再加酸奶，煮至黏稠。

2 将淡奶油打发，取大部分打发淡奶油倒入蛋黄液中，拌匀后分为两份，其中一份放入适量巧克力酱拌匀。

3 将两份冰淇淋一起放入冰箱冷冻，每隔2小时取出搅拌，重复操作3～4次。

4 吐司纵切，切面朝上放入盘中，掏空吐司，放入挖好的巧克力冰淇淋球。

5 再将原味冰淇淋挖成球，放在吐司边，挤上一圈打发的淡奶油，插上巧克力片，再淋上巧克力酱即可。

话梅草莓冰淇淋

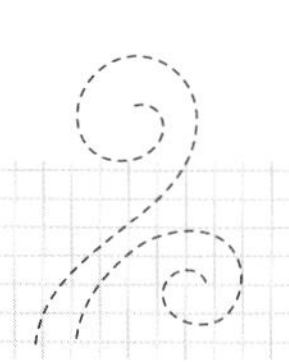

原料

牛奶……150毫升
淡奶油……200毫升
话梅干……100克
樱桃……适量
草莓果酱……50克
白糖……55克

做法

1 往锅中放入牛奶、150克淡奶油、白糖，边加热边搅拌，熬煮至白糖溶化。

2 倒入容器中，放入冰箱冷冻，每隔2小时取出，搅拌均匀，重复操作3～4次。

3 取一个玻璃杯，放入话梅干，铺入一层冰淇淋，再倒入草莓果酱，放上樱桃。

4 剩余的冰淇淋放入裱花袋中，挤入杯中即可。

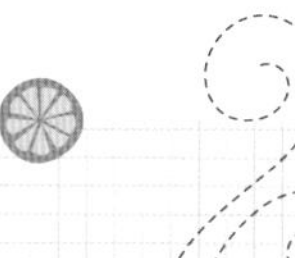

缤纷果冻冰淇淋

原料

淡奶油……150毫升
牛奶……160毫升
蛋黄……2个
草莓……250克
樱桃……90克
果冻粉……30克
白糖……5克
柠檬汁……10毫升
水……290毫升
白糖……[illegible]克

做法

1 草莓去蒂，洗净，切块；樱桃去蒂，洗净。

2 将果冻粉、水、白糖、柠檬汁一同放入锅中，边加热边搅拌，待沸腾后关火。

3 将果冻液放凉至室温，倒入草莓、樱桃，入模具，放入冰箱冷藏4小时，取出脱模。

4 往锅中放牛奶、淡奶油，煮至锅边出现小泡，制成奶油糊。

5 将蛋黄加白糖搅拌成淡黄色，放入奶油糊中拌匀，加热至85℃，过滤后冷却至5℃。

6 放入冰箱冷冻，每隔2小时取出搅拌，重复操作3～4次，取出后待其稍微软化后，放到果冻上，摆上草莓即可。

巧克力碎冰淇淋曲奇

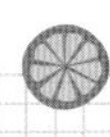

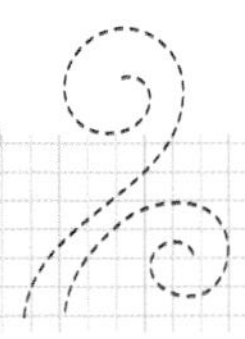

原料

椰奶……80毫升
牛奶……100毫升
蛋黄……2个
淡奶油……160毫升
巧克力曲奇……4块
巧克力碎……适量
白糖……40克

做法

1 往锅中放入牛奶、椰奶、淡奶油，煮至锅边出现小泡，制成奶油糊。

2 将蛋黄和白糖放入碗中，搅打成淡黄色。

3 将奶油糊放入蛋黄糊中，拌匀加热至85℃。

4 用筛网过滤，隔冰水冷却至5℃。

5 放入冰箱冷冻，每隔2小时取出搅拌，重复操作3～4次，至冰淇淋变硬。

6 取1块曲奇，放上冻好的冰淇淋，再盖上另一片曲奇，压紧。

7 依次做完剩下的曲奇冰淇淋，再将曲奇的周围粘上巧克力碎即可。

绿茶蜜豆冰淇淋

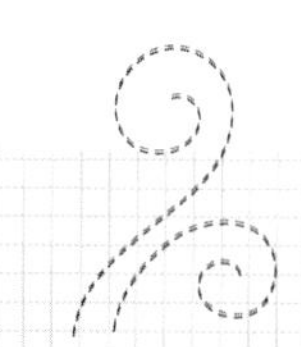

原料

淡奶油……150毫升
牛奶……250毫升
绿茶粉……适量
蜜豆……适量
白糖……50克

做法

1 将牛奶倒入玻璃容器中，放入白糖、淡奶油，搅拌均匀。

2 加入适量绿茶粉，搅拌至绿茶粉化开。

3 将冰淇淋内桶从冷冻室取出，放入冰淇淋机的外壳。

4 将冰淇淋混合物倒入冰淇淋机内桶。

5 盖上外桶盖子，迅速启动冰淇淋机，运转30~40分钟。

6 将做好的冰淇淋挖成球，放入碗中，再放入蜜豆，插上纸伞即可。

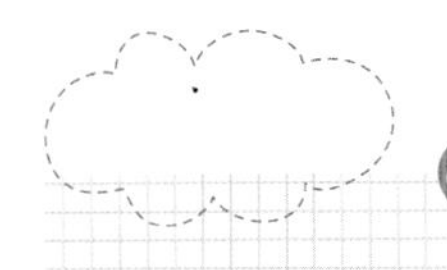

树莓酱饼干冰淇淋

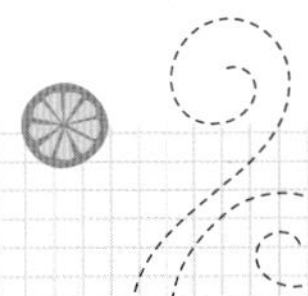

原料

淡奶油……200毫升
蛋黄……2个
树莓……20克
蛋卷……适量
饼干……适量
树莓酱……适量
白糖……50克

做法

1 往蛋黄中加入25克白糖、适量纯净水，拌匀后隔水加热到85℃，用搅拌器打发。

2 往淡奶油中加25克白糖打到八九成发。

3 分两次将打发的淡奶油放入蛋黄糊中，拌匀。

4 放入冰箱冷冻，每隔2个小时拿出来用搅拌器搅打一次，重复3～4次。

5 取一杯，倒入一层冰淇淋，放入适量的饼干，再倒入一层冰淇淋。

6 最后淋入适量的树莓酱，插入蛋卷，放上树莓装饰即可。

冰淇淋蛋糕杯

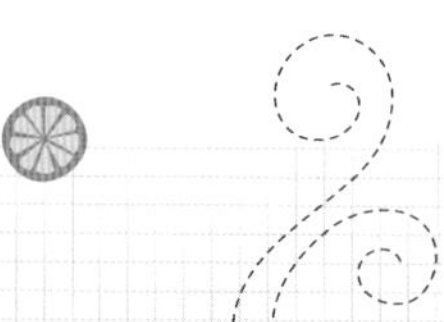

原料

牛奶……250毫升
淡奶油……190毫升
蛋黄……3个
杯子蛋糕……3个
彩色糖果……适量
白糖……70克

做法

1 往蛋黄中加入牛奶和白糖，搅拌均匀，制成牛奶蛋糊。

2 隔水加热，不断地搅拌至浆水浓厚，放入凉水中冷却。

3 将淡奶油打至六成发，倒入牛奶蛋糊中，搅拌均匀。

4 把拌好的冰淇淋糊放入冰箱，冷冻30分钟。

5 将冰淇淋糊倒入冰淇淋机中，搅拌30分钟，至呈固体状。

6 装入裱花袋，挤到杯子蛋糕上，再放上彩色糖果装饰即可。

枫糖冰淇淋配饼干

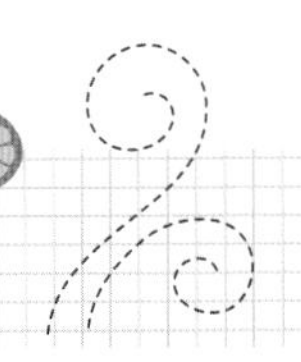

原料

牛奶……150毫升
蛋黄……2个
淡奶油……180毫升
巧克力饼干……3块
番茄酱……适量
巧克力液……适量
枫糖浆……适量
白糖……40克

做法

1 将白糖加入到蛋黄中打至浓稠。

2 将牛奶倒入锅中，用小火煮至微开，再缓慢地倒入蛋液中，边倒边搅拌。

3 将拌匀的蛋奶液加热，搅拌至浓稠，盛出，待冷却至室温。

4 将淡奶油打至七成发，倒入放凉的蛋奶糊中，拌匀，再放入枫糖浆，拌匀，放入冰箱冷冻，每隔2小时取出搅拌1次，重复3～4次。

5 分别用巧克力液和番茄酱在盘底画出网格花纹，取出冻好的冰淇淋，用冰淇淋勺挖出球形，装入盘中，再放入巧克力饼干即可。

双色冰淇淋泡芙

原料

酸奶……200毫升
蛋黄……2个
泡芙……2个
淡奶油……150毫升
可可粉……适量
番茄酱……适量
巧克力液……适量
白糖……40克

做法

1 将蛋黄加白糖打发，再加入酸奶，煮至黏稠。

2 将淡奶油打发，倒入蛋黄液中，拌匀。

3 将拌匀的冰淇淋液分为两份，其中一份放入少量的可可粉拌匀。

4 将两份冰淇淋一起放入冰箱冷冻，每隔2小时拿出来搅拌一下，重复3~4次。

5 盘中用巧克力液和番茄酱画花纹，筛入可可粉；将冻好的巧克力冰淇淋取出，在室温下软化，分别装入裱花袋中。

6 两个泡芙均从2/3处横切开，上面做为盖子，切面朝上放入盘中，分别挤入两种冰淇淋，盖上盖子即可。

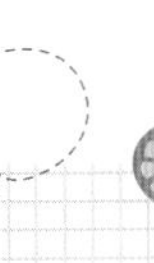
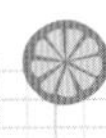

芒果冰淇淋年轮蛋糕

原料

牛奶……200毫升
芒果……90克
淡奶油……150毫升
白巧克力……90克
芒果年轮蛋糕……1块
肉桂……适量
巧克力酱……适量
蛋黄……2个
白糖……30克
糖粉……适量

做法

1 白巧克力切碎；芒果洗净，取肉，放入搅拌机中，打成泥。

2 将牛奶、淡奶油、芒果泥放入锅中，煮至微开，制成奶油糊。

3 将蛋黄加白糖打至呈淡黄色。

4 将奶油糊放入蛋黄糊中，拌匀加热至85℃。

5 用筛网过滤，隔冰水冷却至5℃，放入巧克力碎，拌匀，放入冰箱冷冻，每隔2小时取出搅拌，重复操作3～4次。

6 盘中用巧克力酱画上条纹，挖取冰淇淋球，放入盘中，再放入芒果年轮蛋糕，筛上糖粉，摆上肉桂即可。

水果冰淇淋泡芙

原料

- 牛奶……200毫升
- 蛋黄……2个
- 淡奶油……150毫升
- 泡芙……2个
- 香蕉块……少许
- 哈密瓜球……少许
- 黄桃块……少许
- 菠萝块……少许
- 巧克力酱……少许
- 蓝莓酱……少许
- 草莓酱……适量
- 白糖……40克

做法

1 往蛋黄中加白糖打至淡黄色，再加入牛奶，用小火煮至黏稠。

2 将淡奶油打发，倒入蛋黄液中，拌匀。

3 放入冰箱冷冻，每隔2小时取出搅拌1次，重复3~4次，最后一次冷冻前，将冰淇淋分为两份，分别放入蓝莓酱、草莓酱，拌匀。

4 盘中用巧克力酱画上花纹。

5 两个泡芙均横切开，但不切断，两份冰淇淋均挖球，分别放入泡芙中。

6 最后放上香蕉块、哈密瓜球、黄桃块、菠萝块装饰即可。

桑葚冰淇淋配蛋糕卷

原料

牛奶……250毫升
桑葚……150克
淡奶油……200克
奶油蛋糕卷……2个
柠檬汁……适量
巧克力酱……适量
白糖……50克

做法

1 桑葚洗净，放入搅拌机中，打成汁，过滤。

2 将白糖加入牛奶中，搅拌均匀。

3 将淡奶油隔冰水打至六成发。

4 牛奶分三次倒入打好的淡奶油中，拌匀。

5 放入桑葚汁、柠檬汁，搅拌均匀，再放入冰箱冷冻。

6 每隔2小时拿出来充分搅拌一下，重复3～4次至冰淇淋变硬。

7 盘中用巧克力酱画上花纹，放入奶油蛋糕卷，再将冰淇淋挖成球，放入盘中即可。

冰淇淋与香梨面包

原料

淡奶油……150毫升
牛奶……150毫升
蛋黄……2个
吐司……1个
梨块……适量
葡萄干……适量
杏仁……适量
梨酱……适量
白糖……50克
糖粉……适量

做法

1 将牛奶、淡奶油放入奶锅，煮至锅边出泡，制成奶油糊。

2 将蛋黄加白糖搅拌至呈淡黄色。

3 将奶油糊放入蛋黄糊中，拌匀加热至85℃。

4 用筛网过滤，隔冰水冷却至5℃。

5 放入冰箱冷冻，每隔2小时取出搅拌，重复操作3~4次。

6 将吐司从中间切开，分别掏空。

7 将梨块加葡萄干、梨酱，搅拌均匀，放入掏空的吐司中，捏实，放入盘中。

8 取出冻好的冰淇淋，挖成球，放入盘中，撒上杏仁，筛上糖粉即可。

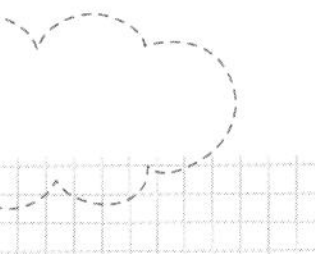

蛋奶冰淇淋吐司

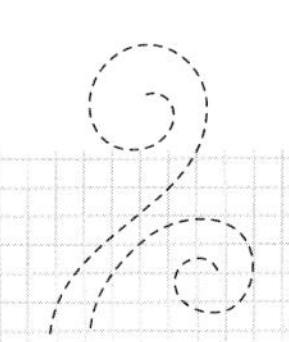

原料

蛋黄……3个
牛奶……200毫升
吐司……1个
淡奶油……150毫升
玉米淀粉……5克
奥利奥饼干碎……适量
香蕉片……适量
白糖……40克
蜂蜜……适量

做法

1 往蛋黄中加入白糖，搅拌均匀。

2 将牛奶加热，慢慢倒入蛋黄液中，边倒边搅拌匀，再倒回锅中，放入玉米淀粉，边煮边搅拌，至其浓稠，熄火，隔冷水降温。

3 将淡奶油隔冰水打至七成发。

4 将降温后的蛋奶液和打发好的淡奶油混合均匀，倒入容器中，放入冰箱冷冻，每隔2小时翻拌1次，重复3～4次。

5 吐司掏空，挖取冰淇淋球，放入吐司中，淋上蜂蜜，放上奥利奥饼干碎、香蕉片即可。

花生酱冰淇淋吐司

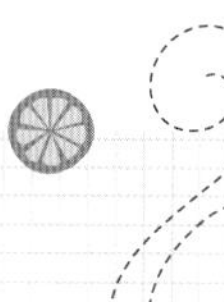

原料

牛奶……200毫升

淡奶油……200毫升

吐司……1个

杏仁片……适量

花生酱……适量

白糖……50克

做法

1 将牛奶和白糖一起放入锅中，用小火加热，搅拌至白糖溶化，再放入少许花生酱拌匀，关火，再隔冰水降温。

2 将淡奶油打至七八成发，取大部分打发淡奶油加入到牛奶液中，拌匀。

3 放入冰箱冷冻，每隔2小时用搅拌器搅拌一次，重复3~4次。

4 盘中用花生酱画上花纹，放入吐司。

5 取出冻好的冰淇淋，挖成球，放入盘中，淋上花生酱，装饰上杏仁片，最后挤上适量的打发淡奶油即可。

树莓酱冰淇淋蛋糕

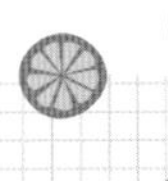

原料

淡奶油……150毫升
蛋黄……3个
酸奶……250毫升
蓝莓……适量
树莓……适量
树莓酱……适量
蓝莓蛋糕……1块
白糖……40克

做法

1 将蛋黄加白糖打至呈淡黄色。

2 将淡奶油倒入锅中，用小火煮至锅边起泡，关火，慢慢倒入打发的蛋黄，拌匀。

3 再煮15分钟，中间要不停搅拌，直至浓稠。

4 待其放凉后，倒入酸奶拌匀，倒入碗中，放入冰箱冷冻，每隔2小时取出拌匀，重复操作3～4次。

5 将蓝莓蛋糕放入盘中，挖取冰淇淋球，放在蛋糕上，再淋上树莓酱，放入蓝莓、树莓即可。

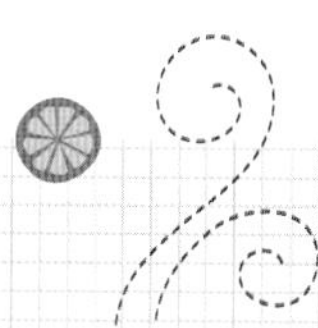

咖啡酸奶冰淇淋面包

原料

酸奶……200毫升
淡奶油……150毫升
蛋黄……2个
面包……1个
咖啡粉……适量
白糖……50克
蜂蜜……适量

做法

1 往蛋黄中放入白糖，用搅拌器打发，再加入酸奶，用小火煮至黏稠。

2 将淡奶油用搅拌器打发，取大部分淡奶油倒入蛋黄液中，拌匀。

3 往拌匀的冰淇淋液中放入咖啡粉，拌匀。

4 将冰淇淋放入冰箱冷冻，每隔2小时拿出来搅拌一下，重复3~4次。

5 将冻好的巧克力冰淇淋挖成球，放入盘中。

6 再挤入打发的淡奶油，放入面包，往面包上淋上蜂蜜即可。

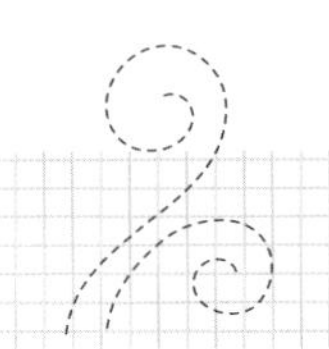

花样冰淇淋筒

原料

牛奶……200毫升
淡奶油……150毫升
蛋黄……2个
煎饼……1张
黑巧克力液……适量
黄油饼干……适量
香蕉片……适量
草莓……适量
桑葚……适量
灯笼果……适量
白糖……50克

做法

1 往牛奶中放入蛋黄、白糖，搅拌成蛋黄糊，再隔水加热至锅边起泡，中途要不停搅拌，然后隔冰水冷却。

2 将淡奶油打发，放入冷却好的蛋黄液中，再放入黑巧克力液，搅拌均匀。

3 放入冰箱冷冻，每隔2小时取出，翻搅一下，重复3~4次。

4 取出冻好的冰淇淋，挖成球，淋上黑巧克力液，放入冰箱冷冻至凝固。

5 容器中放入煎饼，作为底托，再放入冰淇淋球、黄油饼干、香蕉片、草莓、桑葚、灯笼果即可。